软件测试主流技术研究

黄 霞 著

中国水利水电出版社
www.waterpub.com.cn
·北京·

内 容 提 要

软件测试是一门新兴的学科，同时，又是一门越来越重要的学科。本书主要论述了实用、先进和成熟的测试技术及工具，重点对软件测试计划与策略、软件测试的核心技术：黑盒测试、软件测试的核心技术：白盒测试、软件生命周期中测试的实施等内容进行了分析。

本书结构合理，条理清晰，内容丰富新颖，可供从事软件测试工作的相关技术人员参考使用。

图书在版编目(CIP)数据

软件测试主流技术研究/黄霞著. —北京：中国水利水电出版社，2019.1 (2024.10重印)

ISBN 978-7-5170-7401-4

Ⅰ.①软… Ⅱ.①黄… Ⅲ.①软件—测试—研究 Ⅳ.①TP311.55

中国版本图书馆CIP数据核字(2019)第025377号

书　名	软件测试主流技术研究 RUANJIAN CESHI ZHULIU JISHU YANJIU
作　者	黄 霞 著
出版发行	中国水利水电出版社 (北京市海淀区玉渊潭南路1号D座 100038) 网址：www.waterpub.com.cn E-mail：sales@waterpub.com.cn 电话：(010)68367658(营销中心)
经　售	北京科水图书销售中心(零售) 电话：(010)88383994、63202643、68545874 全国各地新华书店和相关出版物销售网点
排　版	北京亚吉飞数码科技有限公司
印　刷	三河市华晨印务有限公司
规　格	170mm×240mm　16开本　17印张　220千字
版　次	2019年4月第1版　2024年10月第4次印刷
印　数	0001—2000册
定　价	84.00元

前　言

近年来我国软件行业的迅猛发展，带动了软件测试行业的快速发展，同时提升了我国软件产品的质量，使软件产品得到了更加广泛的应用，为我国软件产业提供了极大的安全保证与信誉保障，并且为我国软件事业未来的发展奠定了基础。

软件测试是开发一个软件必要的步骤，也是一种减少程序错误、证实软件质量的方法。然而，在软件测试中，如何选择测试用例，按什么样的顺序设计测试路径一直是人们研究的重要问题。虽然我国软件测试的规范性正在不断提高，但能够真正担当软件测试工作的人却很少，存在以下问题：

(1)从事软件测试的人员基本功不够牢固，缺乏系统学习和培训，缺乏测试理论知识，只懂得一些表面上的测试技术，不能作更进一步的研究。

(2)专业知识不够扎实，优秀的软件测试工程师既需要专业的软件测试技能、具备软件编程能力，还需要掌握网络、操作系统、数据库、中间件等计算机基础知识，并且熟悉行业领域知识。

(3)没有建立相对完整的测试体系，忽视理论知识，大部分人对软件测试的基本定义和目的不清晰，对自己的工作职责理解不到位。

(4)理论与实践脱节，学习的软件测试技术比较肤浅并且零杂，没有深入理解测试的基本道理，不能进行实际的应用。

由于软件测试新技术、新需求、新观念的发展和变化，因此，在学习软件测试技术的过程中，不仅要掌握其理论原则和方法，更重要的是技术的应用。软件测试人员需要利用大量的时间去思考、理解软件测试的思想和理念，并运用测试技术和技巧去解决问题。

本书共8章，主要内容为软件测试概述、软件测试计划与策略、黑盒测试技术、白盒测试技术、软件生命周期中测试的实施、面向对象软件测试、主流信息应用系统测试、测试工具。

本书在撰写过程中加入了自己的研究积累以及国内外专家学者的研究成果和论述。由于软件体系结构方面的参考资料众多，所涉及的文献难免会有疏漏，在此表示歉意，同时还要向相关内容的原作者表示诚挚的敬意和谢意。

由于作者水平有限，加之时间仓促，遗漏之处在所难免，恳请读者批评指正。

作　者

2018年5月

目　录

第1章 软件测试概述

近20年来，随着计算机和软件技术的飞速发展，软件测试技术研究也取得了很大的突破。软件测试的重要性主要体现在两个方面：软件系统的层次性越来越复杂，上层系统越来越依赖于底层模块的稳健性；软件测试贯穿于整个软件生命周期，无处不在。因此，软件测试是软件质量保证的一个重要手段，只要有软件生产和运行就必然有软件测试。但目前，软件研发人员过剩，软件测试人才不足，需求旺盛。

1.1 软件测试的产生背景及发展

1.1.1 软件测试的背景

随着软件产业的发展，软件系统的规模和复杂性与日俱增，软件的生产成本和软件因自身缺陷故障造成的损失都大大增加，甚至会带来灾难性的后果。比如美国迪士尼公司的狮子王游戏软件bug、火星登陆事故、跨世纪“千年虫”问题、爱国者导弹防御系统问题以及Intel奔腾浮点除法问题等。软件产品不同于其他科技和生产领域的产品，它是人脑高度智力化的体现，由于这一特殊性，软件存在缺陷几乎在所难免。在开发大型软件系统的漫长过程中，面对纷繁复杂的各种现实情况，人的主观认识和客观现实之间往往存在着差距，开发过程中各类人员之间的交流和配合也往往不是尽善尽美的。

软件发生错误时会对人类生活造成各种各样的影响。软件测试可以降低各种影响，在一定程度上解放了程序员，使他们能够更专心于解决程序的算法效率，同时也减轻了售后服务人员的压力，因为交到他们手里的程序再也不是那些"一触即死机"的定时炸弹，而是经过严格检验的完整产品。软件测试的发展还为程序的外形、结构、输入和输出的规约和标准化提供了参考，并推动了软件工程的发展。

虽然软件测试技术的发展很快，但是其发展速度仍落后于软件开发技术的发展速度，使得软件测试在今天仍然面临着很大的挑战。软件规模越来越大，功能越来越复杂，在信息化领域所起的作用越来越重要，但如何进行充分且有效的测试成为难题，对分布式系统和实时系统尚缺乏有效的测试方法，测试的安全性也没有统一的标准。

1.1.2 软件测试的发展历程

在计算机诞生的初期，并没有系统意义上的软件测试，只是采用调试的方法对系统进行测试，证明系统可以正常运行即可，没有测试方法和测试计划，测试用例的选择主要依靠测试人员的经验。

20 世纪五六十年代，各种高级语言的出现促使软件测试系统的诞生。当时的软件程序相比之前复杂性大大增加，软件测试仍然处于不受重视的地位，软件正确与否很大程度上依赖于编程人员的技术水平。在这一阶段，软件测试的方法和理论进步不大。

20 世纪 70 年代以后，计算机硬件快速发展，为软件测试的发展提供了硬件基础，软件测试在整个软件开发周期中占据的分量越来越大；软件开发技术已经趋向成熟和完善，规模和复杂度日益增加，这给整个软件测试工作带来巨大的挑战，出现很多软件测试方法和理论，随之产生软件测试的理论体系，出现一大批软件测试人才。

目前软件已经形成产业化,只对软件进行质量控制已经无法满足人们对软件测试的要求,需要对软件质量、成本和进度都进行严格测试。在程序代码活动的基础上,软件测试贯穿整个软件开发过程的各个阶段。

1.2　软件缺陷

1.2.1　软件缺陷的定义和类型

所谓"缺陷(Bug)",即计算机软件或程序中存在的某种破坏正常运行能力的问题、错误,或者隐藏的功能缺陷。

软件缺陷的主要类型有:

1)软件没有实现产品要求的功能。

2)软件出现了不该出现的错误。

3)软件实现了说明没提到的功能。

4)软件没实现规格说明中未明确提及但应实现的目标。

5)软件难理解,不易使用。

1.2.2　缺陷严重等级

由于采用的缺陷管理工具不同,缺陷严重等级的级别也会有差异。

1. Blocker(阻碍的)

阻碍开发或软件测试工作,冒烟测试没有通过,不能进行正常的软件测试工作。

2. Critical(紧急的)

1)系统无法测试，或者系统无法继续操作，应用系统异常中止。

2)对操作系统造成严重影响，系统死机，被测程序挂起，不响应等情况。

3)造成重大安全隐患情况，如机密性数据的泄密。

4)功能没有实现，无法进行某一功能操作，影响系统使用。

3. Major(重大的)

1)功能基本上能实现，但在特定情况下导致功能失败。

2)导致输出的数据错误，如数据内容出错、格式错误、无法打开。

3)导致其他功能模块无法正常执行。

4)功能不完整或者功能实现不正确。

5) 导致数据最终操作结果错误。

4. Normal(普通的)

功能部分失败，对整体功能的实现基本不造成影响。

5. Minor(较小的)

链接错误、系统出错提示或没有捕获系统出错信息、数据的重要操作(增删查改)没有提示，出现频率极低，对功能实现造成非致命性的影响。

6. Trivial(外观的)

产品外观上的问题或一些不影响使用的小毛病，如菜单或对话框中的文字拼写或字体问题等。

7. Enhancement(改进的)

对系统产品的建议或意见。除了严重性之外，还必须关注软件缺陷处于一种什么样的状态，以便跟踪和管理某个产品的缺陷，三种基本的缺陷状态包括：

1)激活状态(Active 或 Open)。问题尚未解决，测试人员新报告的缺陷，或验证后缺陷仍然存在。

2)已修正状态(Fixed 或 Resolved)。开发人员针对缺陷，修改程序，认为已解决问题，或者通过单元测试。

3)关闭或非激活状态(Close 或 Inactive)。测试人员验证已修正的缺陷后，确认缺陷不存在后的状态。

1.2.3 缺陷管理流程

根据 SEI TSP 国际标准，缺陷管理流程可以定义如下：

研发计算机必须分为开发机、测试机和发布机。开发工作在开发机上进行，软件测试工作(系统测试)在测试机上运行，最后产品验收和运行在发布机上运行，发布机可能在客户处。

1)每轮测试开始，开发部门提出本次测试重点，开发机上的版本同步到软件测试机上(或通过配置管理工具实现同步)。

2)软件测试工程师进行冒烟软件测试，如果冒烟测试没有通过，则退回给开发部门，等待开发部门重新提交软件测试任务，返回 1)。

3)冒烟测试通过，测试工程师继续执行测试活动，包括传统正规测试和基于经验的测试，如探索式软件测试等。发现缺陷，记录在缺陷管理工具中。

4)开发工程师修改被确认的缺陷(状态为 Assigned)。

5)当软件测试工程师认为软件测试结束，大部分缺陷都发现完毕，开发机上的版本再一次同步到软件测试机上。

6)软件测试工程师对缺陷进行复测，如果问题仍旧存在，则标记为 Reopen，否则标记为 Closed。此时还要对以前测试过的功能进行回归测试。

7)开发工程师对于 Reopen 的缺陷进行修改。

8)当一轮软件测试达到出口标准,软件测试机上的版本同步到发布机上,软件测试任务完成,否则返回第5)步。

1.3 软件测试的定义及原则

1.3.1 软件测试的定义

软件在交付使用之前需要进行严格测试,软件测试的概念起源于20世纪70年代中期。1972年在美国的北卡罗来纳大学组织了历史上第一次正式的关于软件测试的会议。1973年首先给出软件测试的定义:测试就是建立一种信心,确信程序能够按期望的设想进行。1983年修改为:评价一个程序和系统的特性或能力,并确定它是否达到期望的结果,软件测试就是以此为目的的任何行为。

软件测试不能认为是单纯的程序测试,并非只有在程序编程结束之后才能开始,而是贯穿在整个软件开发过程中。测试的重要性在于,它必须保证所开发的软件达到设计时的需求,免除由于软件自身的"缺陷"带来的"漏洞",最大限度地降低软件开发的成本。

软件测试过程的终极目标是将软件的所有功能在所规定的环境中全部运行并通过,并确认这些功能的适合性和正确性。这是一种使自己确信产品能够工作的正向思维方法。

20世纪80年代早期,软件行业开始逐渐关注软件产品质量,并在公司建立软件质量保证部门QA或SQA。此时的软件测试涵盖了验证(Verification)和确认(Validation)两个概念。

1)验证,即检验软件是否已正确地实现了产品规格书所定义的系统功能和特性。

2)确认,即通过检查和提供客观证据来证实特定目的的功能或应用是否已经实现,一般是由客户或代表客户的人执行,主要通过各种软件评审活动来实现。

因此，软件测试更为普遍的定义是：

1)软件测试是使用人工或者自动的手段检测(包括验证和确认)一个被测系统或部件的过程，其目的是检查系统的实际结果与预期结果是否保持一致，或者是否与用户的真正使用要求(需求)保持一致。

2)软件测试是根据软件开发各阶段的规格说明和程序的内部结构而精心设计的一批测试用例，并利用这些测试用例运行程序以及发现错误的过程，即执行测试步骤，它是软件质量保证的关键步骤。

1.3.2 软件测试的基本原则

在软件测试工作中应当遵守的经验与原则如下：

1)所有测试的标准都是建立在用户需求之上的，测试的目的在于发现系统是否满足规定的需求。

2)应当把“尽早地和不断地测试”作为软件开发者的座右铭，越早进行测试，缺陷的修复成本就会越低。

3)程序员应避免检查自己的程序，由第三方进行测试会更客观、更有效。

4)充分注意测试中的群集现象。一段程序中已发现的错误数越多，其中存在的错误概率也就越大，因此对发现错误较多的程序段，应进行更深入的测试。

5)设计测试用例时，应包括合理的输入和不合理的输入，以及各种边界条件，特殊情况下要制造极端状态和意外状态。

6)穷举测试是不可能的。

7)注意回归测试的关联性，往往修改一个错误会引起更多错误。

8)测试应从“小规模”开始，逐步转向“大规模”。

9)测试用例是设计出来的，不是写出来的，应根据测试的目的，采用相应的方法去设计测试用例，从而提高测试的效率，更多地发现错误，提高程序的可靠性。

10）重视并妥善保存一切测试过程文档（测试计划、测试用例、测试报告等）。

11）对测试错误结果一定要有一个确认过程。

1.4 软件测试模型

1.4.1 V模型

图1-1所示为V模型测试。

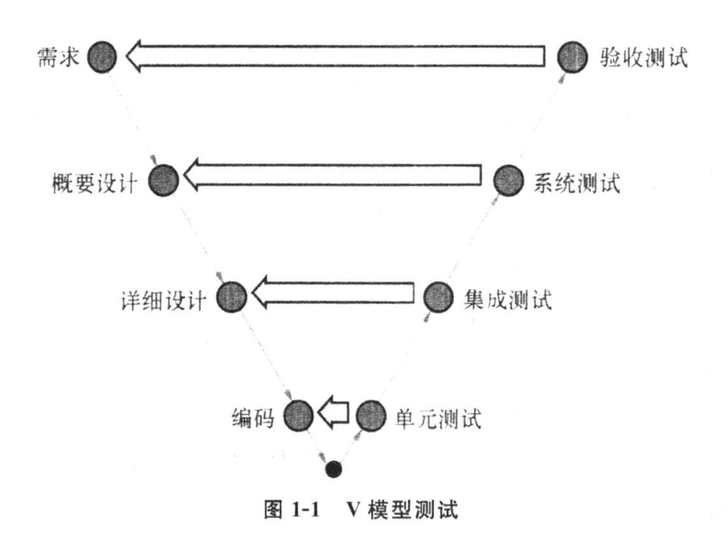

图1-1 V模型测试

步骤1：单元测试。单元测试主要由开发工程师在编码时执行。

步骤2：集成测试。集成测试是相对于详细设计阶段而言的，主要采用由上到下、由下到上或混合方式将模块逐步集成，测试的内容主要是模块与模块、类与类之间的关联性。

步骤3：系统测试。系统测试是相对于概要设计阶段而言的，主要由软件测试工程师从整体出发，对系统进行全面测试。

步骤4:验收测试。验收测试是用户对产品进行的测试,一般分为Alpha测试和Beta测试。验收测试往往由系统维护人员或者用户来完成,需要完全站在用户的立场上进行测试,测试环境也要尽可能与用户的实际环境保持一致,大多数时候,需要到用户现场去进行验收测试工作。

1.4.2 W模型

图1-2所示为W模型测试。W模型其实是V模型的变种,它提倡的主要思想是软件前置测试理念(即软件测试需要贯穿软件研发的始终)。所以,W模型又称双V模型或前置模型,在需求、设计和编码阶段对产生的工件进行文档评审,一个目的是提出自己的建议和意见,另外一个目的是尽可能理解产品的需求和实现方式。使用前置软件测试法,Bug在软件前期就可以发现,从而降低软件开发的成本。

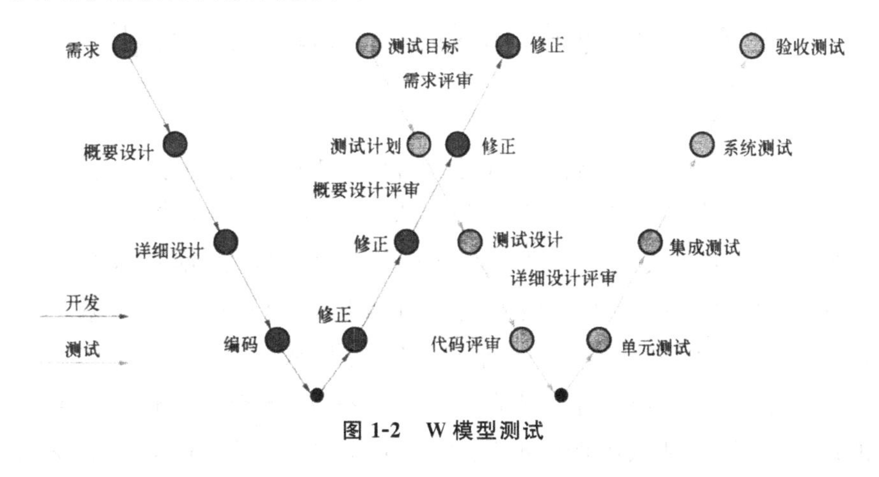

图1-2 W模型测试

1.4.3 X模型

图1-3所示为X模型测试。X模型将软件系统分为若干模块,对每个模块进行单元测试、集成测试以及系统测试,然后统一对模块进行集成测试。事实上,这里已经提出了“探索式软件测

试”的概念。

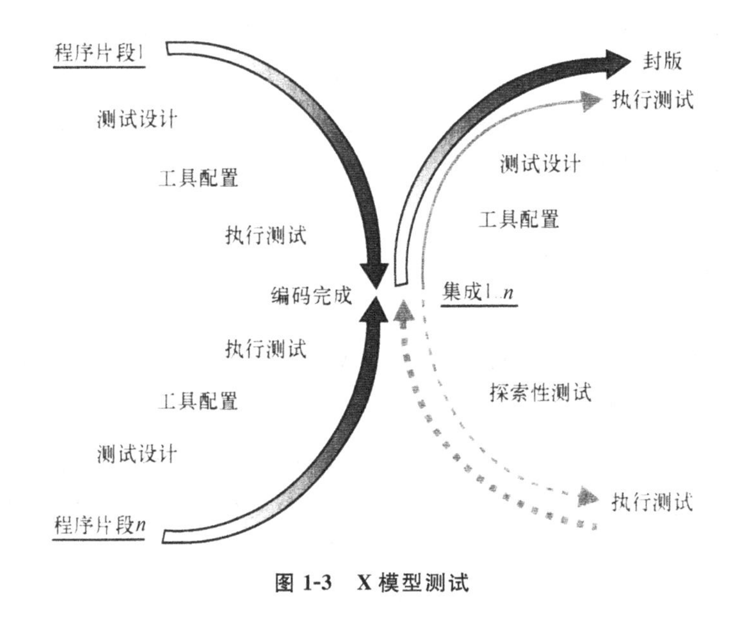

图 1-3　X 模型测试

1.5　软件测试的复杂性与经济性分析

人们总是下意识地认为软件测试就是对一个程序进行检测，不需要花费大量精力，开发程序才是需要花费大量精力的工程。其实不然，在现代软件开发过程中，软件测试正占据越来越重的分量，如何在有限的条件内对规模日益扩大的软件完成有效的测试已经成为软件工程中一个非常关键的课题。

在软件测试过程中，测试用例的选择对测试效果有着非常大的影响。设计测试用例时必须非常细致，并且应具备非常高深的技巧，如若不然，就很有可能发生疏漏。这是由以下四个方面的因素决定的。

1.5.1　完全测试的不现实性

一般认为，测试工作应将所有可能的输入情况都执行一遍，即彻底测试，又称穷举测试。但实际软件测试中，软件工程量十分庞大，如果要进行彻底测试，可能会因为输入量太大、输出结果太多、软件执行路径太多等因素导致计算机超负荷工作十年，甚至百年都不一定能够完成这一次的测试工作。因此，在实际工作中，不可能进行完全彻底的测试。

1.5.2 软件测试的风险性

根据上述分析可知，大部分软件都不会进行彻底测试，即很多软件进行的都是非穷举测试，所以不能保证被测程序在理论上不存在错误。这就会产生一个矛盾：软件测试员不能做到完全的测试，不完全测试又不能证明软件百分之百可靠。那么如何在这两者的矛盾中找到一个相对的平衡点呢？

在实际的软件开发过程中，人们发现了软件缺陷数量和测试量之间的关系，如图 1-4 所示。软件缺陷和测试成本曲线有一个交点——最优测试量，在此点之前，随着测试量的上升，测试成本快速上升；当缺陷数量降低到交点值后，测试成本并没有明显的改变。这个最优测试量就是在软件测试中需要把握的关键问题之一。

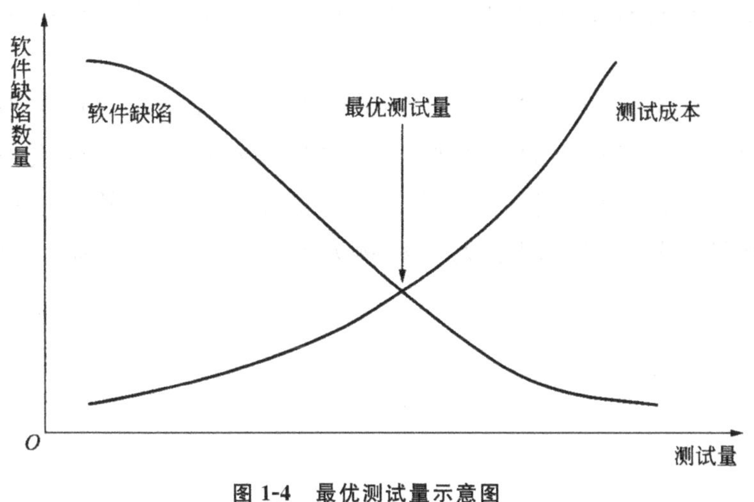

图 1-4 最优测试量示意图

1.5.3 杀虫剂现象

杀虫剂现象指的是一直采用同一种杀虫剂杀虫，时间久了，害虫就对该种杀虫剂产生了抵抗力，该种杀虫剂就对其失去了效用。研究发现，在软件测试中也出现了此类现象，采用同一种测试工具或方法测试同一类软件越多，能够检测的缺陷就越少，被测试软件对测试的免疫力就越强。

不同的软件开发人员思维和技术水平都不一致，主客观环境因素也不一样，再加上各种难以预料的突发性事件，不可能使用一种测试工具或方法就能够查出全部的缺陷。因此，软件测试人员必须不断地编写新的测试程序，不断地进行测试，防止杀虫剂现象的出现。

1.5.4 缺陷的不确定性

缺陷的不确定性是指什么是软件的缺陷，什么样的软件缺陷需要修复。软件缺陷是一个较为模糊的定义，需要在测试过程中根据被测对象的具体表现来明确化，再加上不同测试人员对软件系统的理解有所不同，出现的软件缺陷、修复的程度标准都会有所不同。

软件测试的经济性有两方面体现：一是体现了测试工作在整个项目开发过程中的重要地位；二是体现在应该按照什么样的原则进行测试，以实现测试成本与测试效果的统一。软件工程的总目标是充分利用有限的人力和物力资源，高效率、高质量地完成测试。

第 2 章　软件测试计划与策略

制订测试计划是软件测试中最重要的步骤之一，在软件开发前期就应对软件测试作出清晰、完整的计划。测试计划不仅对整个测试起到关键性的作用，而且对开发人员的开发工作、整个项目的规划、项目经理的审查都有辅助性作用。

2.1　软件测试计划

软件测试计划是开展软件测试工作的基础，因此，在软件研制前期就应制订顶层的软件测试计划，主要是提出测试策略、测试人员、测试资源、测试通过准则和测试进度安排等，并随着软件研发活动的逐步开展，逐步细化测试计划，制订每个测试级别的详细测试计划。

2.1.1　测试计划内容

软件项目计划的目标是提供一个框架，不断收集信息，对不确定性进行分析，将不确定性的内容慢慢转化为确定性的内容，该过程最终使得管理者能够对资源、成本及进度进行合理的估算。这些估算还是在项目早期做出的，并受到时间的限制，所以计划能接受一定的风险和不确定性，并随着项目的进展而不断更新。

在制订测试计划时，由于不同软件公司的背景不同，测试计划内容会有差异，但一些基本内容是相同的。例如，IEEE 829—1998 软件测试文档编制标准中规定软件测试计划应包含以下 16 项内容：

1)测试计划标识符(文档编号)。

2)项目总体情况简介。

3)测试项(Test Item)。

4)需要测试的功能。

5)方法(策略)。

6)不需要测试的功能。

7)测试项通过/失败的标准。

8)测试中断和恢复的规定。

9)测试完成所提交的材料。

10)测试任务。

11)测试环境要求。

12)测试人员职责。

13)人员安排与培训需求。

14)进度表。

15)潜在的问题和风险。

16)审批。

在测试计划中，还要考虑休假和法定假日带来的影响，以及做好项目相关技术和业务的培训，具体如下。

1. 确定软件测试的需求

按照测试依据和软件质量要求确定软件测试的需求。

1)梳理软件需求，明确需要测试的范围。

2)说明测试的总体要求，包括测试级别、测试类型、测试策略等。

3)定义测试项，每个测试项需要明确的内容，包括确定每个测试项的名称和标识、说明每个测试项的具体测试要求、确定每个测试项的测试方法、说明对每个测试项进行测试时所需要的约束条件、确定每个测试项通过测试的评判标准、提出对每个测试项进行测试用例设计时所需要考虑的测试充分性要求、规定完成每个测试项测试的终止条件、定义每个测试项目的测试优先级(优先级一般可以根据文件中定义的相应需求的优先级进行定义)、建立每个测试项与测试依据之间的追踪关系。

4)制订测试策略,包括测试数据生成策略、测试信息注入与捕获方法、测试结果分析方法等。

2.分析测试环境需求

分析测试环境需求,包括计算机硬件、接口设备、计算机操作系统、支持软件、专用测试软件、测试工具和测试数据等。

3.提出测试人员安排

一般情况下,单元测试和集成测试可由开发人员完成,配置项测试和系统测试由专门的测试人员完成。

4.安排测试的进度计划

根据项目估算结果和人力资源现状,以软件测试的常规周期作为参考,采用关键路径法等,完成进度的安排,采用时限图、甘特图等方法来描述资源和时间的关系,制订合理可行的软件测试进度计划。例如,什么时候测试哪一个模块、什么时候要完成某项测试任务等。

5.制订测试通过的准则

单元测试通过的准则示例如下:

1)软件实现与设计文档一致。

2)语句和分支覆盖率达到100%,如果确实无法覆盖应进行分析,并说明未覆盖的原因。

3)代码审查中强制类错误都得到解决。

4)单元测试发现的问题得到修改并通过回归测试。

5)单元测试报告通过评审。

6.跟踪和控制机制

质量保证和控制、变化管理和控制等。例如,明确如何提交一个问题报告、如何去界定一个问题的性质或严重程度、多少时间内做出响应等。

7.分析风险

分析测试活动中可能存在的风险,并制订相应的缓解和应急计划。

2.1.2 测试项目的计划过程

项目测试计划的制订是一个烦琐的过程,需要经过计划初期、起草、讨论、审查等不同阶段,接下来就是测试计划的编写工作。编写测试计划是一个系统的工作,需要编写者对项目有足够深入的了解,并不断细化和完善测试计划。一般来说,在测试需求分析前制作总体测试计划书,在测试需求分析后制作详细测试计划书。

1.初期工作

计划初期收集整体项目计划、需求分析、功能设计、系统原型、用户用例(Use Case)等文档或信息,理解用户的真正需求,了解技术难点和弱点,并与其他项目相关人员进行充分交流,在需求和设计上达到一致的理解。

2.确定测试需求和测试范围

确定测试需求和测试范围是整个测试计划最关键的一步,在此基础上,将软件系统逐步分解为较小而且相对独立的功能模块。这样,不同的单元就有不同的测试需求,并根据不同的测试需求设计测试用例。

3.计划起草

根据测试初期所搜集和掌握的项目信息起草测试计划，选择合适的测试方法，制订出测试框架。

4.内部审查

在提供给其他部门讨论之前，先在测试小组或部门内部进行审查，测试团队的其他人员帮助发现问题，并在测试团队内部达成一致。

5.计划讨论和修改

召开有需求分析、设计、开发人员参加的计划讨论会议，测试组长对测试计划设计的思想、策略做详细的介绍，并听取大家对测试计划中各个部分的意见，进行讨论交流。

6.测试计划的多方审查

制订出的测试计划必须要经过多方审查，尽管测试团队努力制订一个全面的、有效的测试计划，但还是会受到测试团队本身局限性的影响，使得测试计划不够完整、准确。此外，制订者一般很难发现自己在制订测试计划过程中出现的错误，所以项目中的每个团队都应派人参与测试计划的审查，每个审查者都可能根据其经验及专长发现测试计划中的问题，提出良好的建议。

7.测试计划的定稿和批准

在计划讨论、审查的基础上，综合各方面的意见，就可以完成测试计划书，然后上报给测试经理或更高层的经理，得到批准，方可执行。

8.测试计划的跟踪

测试计划书完成之后，不要束之高阁，而是要跟踪其执行，随时将测试执行状态和测试计划要求进行比对。如果是执行问题，就需要纠正执行；如果是计划跟不上需求和设计的变化，就要对计划做相应的调整。一个良好的测试计划，和实际执行的偏差不应该太大，理想情况下，两者保持一致。

在测试计划的每个阶段上，都要清楚该阶段要达到的目标、负责人是谁、哪些人要参与(提供信息、参加评审等)、工作的重点是什么、最终需要提供哪些资料。例如，以计划起草阶段为例：

1)目标：要以制订出一个全面、客观、完善的测试计划为目标，定义测试项及其基本方法、策略，粗略估算测试需要的时间和人力资源周期、最终递交测试报告的时间等。

2)工作重点：绘制一个相对完整的功能结构图，并描述功能特性测试会覆盖哪些功能特性？如果没有覆盖全部的功能特性，那么会带来哪些测试风险或多大的测试风险？如何验证系统设计？验证设计需要多长时间？在此之前，是否需要对测试人员进行相关培训？根据系统平台选型，如何搭建测试平台？

3)需要的资料：项目的整体计划书初稿、产品需求文档初稿、用例和其他项目文档等。

4)成果：测试计划书初稿、系统功能结构图等。

5)负责人：测试组长。

6)参与人：市场部门人员、产品经理、项目经理、开发组长和测试组其他人员。

7)变更：说明有可能会导致测试计划变更的事件，包括项目整体计划的变更、增加新的功能特性、测试工具的改进、测试环境的改变等。

测试计划不仅适用于软件产品当前版本，而且还是下一个版本的测试设计的主要信息来源。在进行新版本测试时，可以在原有的软件测试计划书上进行修改来完成计划的制订，这样会节约比较多的时间。

2.1.3　制订有效的测试计划

在计划书中，有些内容是介绍测试项目的背景、所采用的技术方法等，这些内容仅作为参考，但有些内容则可以看作是测试组所做出的承诺，必须要实施或达到的目标，如要完成的测试任务、测试组构成和资源安排、测试项目的里程碑、面向解决方案的交付内容、项目标准、质量标准、相关分析报告等。

要做好测试计划，测试设计人员要仔细阅读有关资料，包括用户需求规格说明书、设计文档、使用说明书等，全面熟悉系统，并对软件测试方法和项目管理技术有着深刻的理解。制订测试计划时应注意以下几个方面：

1)确定测试项目的任务、目标和范围，要知道提交什么样的测试结果。

2)测试计划尽量识别出各种测试风险，并制订出相应的对策。

3)早期在制订测试计划时，要尽量让所有合适的相关人员都参与进来。

4)要客观、准确地预估测试各个阶段所需的时间、人员以及其他需要的资源。

5)制订测试项目的输入、输出和质量标准，并和有关方面达成一致。

6)制订合理的流程规则，明确在测试阶段不可避免的因素，并给出有效的控制措施。

7)不要忽视技术上的问题，例如，系统架构的设计对系统的性能测试、故障转移测试等的影响。在制订测试计划过程中，要和系统设计人员充分沟通。

8)要对测试的公正性、遵照的标准做一个说明，证明测试是客观的，软件功能要在整体上满足需求，实现正确，要和用户文档的描述保持一致。

9)测试计划应简洁、易读并有所侧重,重点内容要详细描述,避免测试计划"大而全"、重点不突出、缺乏层次。例如,具体的测试技术指标可以用单独的测试详细规格文档来说明,通用测试流程也应该用单独文档来描述,测试用例不要放在测试计划中。

2.1.4 测试计划常见问题

软件测试计划的制订需要与研制人员、项目管理人员充分地沟通和协调,保证测试范围、测试方法、测试资源和测试进度的有效落实。在制订软件测试计划中常见的问题如下。

1. 对被测软件的描述不完整

对被测软件的描述不完整主要表现为存在缺少被测软件版本、规模、关键等级的信息,运行环境中缺少关键的硬件配置信息和相关软件环境的描述,接口描述不清晰等问题。

对被测软件的描述应包括:

1)被测软件的名称、版本、规模、关键等级。

2)运行环境应包括软/硬件环境和网络环境等,如果有数据库系统,还应描述数据库系统的信息。

3)主要功能、性能和接口,建议接口采用图形化方式进行清晰地描述。

2. 引用文件描述不全面

在引用文件描述中缺少软件研制、测试所需要遵循的标准和规范,缺少被测软件相关技术文件。

引用文件应包括:

1)软件开发和测试应遵循的标准和规范。

2)被测软件相关文档,例如软件评测任务书、软件需求规格说明书、用户手册等,需要根据测试级别确定被测软件的相关文档。

3)测试中需要遵循或依据的文件,例如通信协议,与测试活动相关的会议纪要等。

3.测试类型不全面

测试总体要求中提出的测试类型不全面,与测试任务要求的不一致,未说明测试仿真环境的总体设计要求等。

4.测试项定义的不完整、不具体

测试项定义的不完整、不具体主要体现在以下两个方面:

(1)对测试需求覆盖的不全面。对测试需求覆盖的不全面主要表现在:

1)缺少对安全性需求的测试。

2)缺少对工作模式的测试。

3)缺少对隐含需求的测试。

(2)对每个测试项说明的不具体、不完整。对每个测试项说明的不具体、不完整,主要表现在:

1)测试项说明不具体,对需要测试内容描述不具体,特别是对性能、精度等有具体数值要求的测试内容没有详细说明,对评估其满足情况的允许偏差未进行说明。

2)测试方法不具体,主要表现在未说明测试数据的注入方式、测试结果的捕获方法以及测试结果分析方法等。

3)测试方法不恰当,主要表现在测试方法无法满足测试要求,例如对毫秒级性能测试要求,应使用更精确的测量方法进行测试。

4)缺少测试项约束条件的描述。

5)缺少测试项评判标准的描述,特别是对性能测试项的评判标准、应满足的误差要求未进行具体说明。

6)测试充分性要求不具体,主要表现在未对测试用例设计充分性方面提出具体要求。

7)测试项终止条件不恰当,特别是容量、强度等的测试项终止条件未根据测试项的特点进行定义。

8)优先级未定义或定义的不恰当,最突出表现是所有测试项的优先级都相同。

9)缺少测试项对测试依据之间的追踪关系或追踪关系不正确。

5.软/硬件环境描述不详细

测试的软/硬件环境直接影响测试结果,因此需要对测试环境进行全面、详细地描述,以便保证测试环境的有效性。

存在的问题主要表现如下:

1)硬件环境不准确,被测软件的运行环境与实际运行环境不一致。

2)测试环境考虑的不全面,例如强度测试需要的测试环境要求更高,考虑不全面时可能造成强度测试无法实现。

3)测试所需软件的要求不具体,例如对测试程序所需要实现的功能、性能未提出要求,影响测试用例的实现。

4)硬件环境的配置、测试软件的版本等信息未进行说明。

6.测试数据要求不详细

测试数据的准备情况影响测试的进度和效率,因此需要对测试数据的要求尽早规划,以便从用户、研制人员等处获得测试数据,保证测试的顺利实施。

7.测试环境分析不充分

测试环境直接影响测试结果,特别是性能等测试,应进行充分分析,以便保证测试结果的可信性。

8.测试结束条件和测试通过准则不具体

测试结束条件和测试通过准则不具体,可操作性不强。测试结束条件和测试通过准则需要与委托方进行充分沟通,获得具体、可操作、可实施的测试结束条件和测试通过准则。

2.2 软件测试策略

软件测试策略必须提供可以用来检验一小段源代码是否得以正确实现的低层测试，同时也要提供能够验证整个系统的功能是否符合用户需求的高层测试。一种策略必须为使用者提供指南，并且为管理者提供一系列的重要的里程碑。因为测试策略的步骤是在软件完成的最终期限的压力已经开始出现的时候才开始进行的，所以测试的进度必须是可测量的，而且问题要尽可能早地暴露出来。由此可见软件测试策略在软件测试过程中起着非常重要的作用。

2.2.1 软件测试策略的定义

软件测试策略是指在一定的软件测试标准、测试规范的指导下，依据测试项目的特定环境约束而规定的软件测试的原则、方式、方法的集合。

2.2.2 软件测试策略的重要性

任何一个完全测试或穷举测试的工作量都是巨大的，在实践上是行不通的，因此任何实际测试都不能保证被测程序中不遗漏错误或缺陷。为了最大程度减少这种遗漏，同时最大限度地发现可能存在的错误，在实施测试前必须确定合适的测试方法和测试策略，并以此为依据来制订详细的测试案例。

2.2.3 软件测试策略的主要目标

不是所有软件测试都要运用现有软件测试方法去测试。依据软件本身性质、规模和应用场合的不同，将选择不同的测试方案，以最少的软硬件、人力资源投入得到最佳的测试效果。这就是测试策略的目标所在。

测试策略的目标包括取得利益相关者（比如管理部门、开发人员、测试人员、顾客和用户等）的一致性目标；从开始阶段对期望值进行管理；确保“开发方向正确”；确定所有要进行的测试类型。

测试策略为测试提供全局分析，并确定或参考，诸如项目计划、风险和需求；相关的规则、政策或指示；所需过程、标准与模板；支持准则；利益相关者及其测试目标；测试资源与评估；测试层次与阶段；测试环境；各阶段的完成标准；所需的测试文档与检查方法。

2.2.4 软件测试策略的影响因素

软件测试策略随着软件生命周期的变化、软件测试方法、技术与工具的不同发生着变化。这就要求在制订测试策略的时候，应该综合考虑测试策略的影响因素及其依赖关系。这些影响因素可能包括测试项目资源因素、项目的约束和测试项目的特殊需要等。

2.2.5 软件测试策略的制订过程

1. 输入

制订软件测试策略需要输入以下内容：

1)需要的软硬件资源的详细说明。

2)针对测试和进度约束而需要的人力资源的角色和职责。
3)测试方法、测试标准和完成标准。
4)目标系统的功能性和技术性需求。
5)系统局限(即系统不能够提供的需求)等。

2. 输出

软件测试策略需输出以下内容：
1)已批准和签署的测试策略文档、测试用例、测试计划。
2)需要解决方案的测试项目。

3. 过程

(1)确定测试的需求。测试需求所确定的是测试内容,即测试的具体对象。在分析测试需求时,可应用以下几条规则：

1)测试需求必须是可观测、可测评的行为。如果不能观测或测评测试需求,就无法对其进行评估,以确定需求是否已经满足。

2)在每个用例或系统的补充需求与测试需求之间不存在一对一的关系。用例通常具有多个测试需求,有些补充需求将派生一个或多个测试需求,而其他补充需求(如市场需求或包装需求)将不派生任何测试需求。

3)测试需求可能有许多来源,其中包括用例模型、补充需求、设计需求、业务用例、与最终用户的访谈和软件构架文档等。应该对这些所有来源进行检查,以收集可用于确定测试需求的信息。

(2)评估风险并确定测试优先级。成功的测试需要在测试工作中成功地权衡资源约束和风险等因素。为此,应该确定测试工作的优先级,以便先测试最重要、最有意义或风险最高的用例或构件。为了确定测试工作的优先级,需执行风险评估和实施概要,并将其作为确定测试优先级的基础。

(3)确定测试策略。一个好的测试策略应该包括:实施的测试类型和测试的目标;实施测试的阶段、技术;用于评估测试结果和测试是否完成的评测和标准;对测试策略所述的测试工作存在影响的特殊事项等内容。如何才能确定一个好的测试策略呢？可以从基于测试技术的测试策略和基于测试方案的测试策略两个方面来回答这个问题。

1)基于测试技术的测试策略的要点。著名测试专家给出了使用各种测试方法的综合策略：

①任何情况下都必须使用边界值测试方法。

②必要时使用等价类划分方法补充一定数量的测试用例。

③对照程序逻辑，检查已设计出的测试用例的逻辑覆盖程度，看是否达到了要求；如果程序功能规格说明中含有输入条件的组合情况，则可以选择因果图方法。

2)基于测试方案的测试策略。对于基于测试方案的测试策略，一般来说应该考虑以下方面：

①根据程序的重要性和一旦发生故障将造成的损失来确定它的测试等级和测试重点。

②认真研究，使用尽可能少的测试用例发现尽可能多的程序错误，避免测试过度和测试不足。

2.3 静态测试与动态测试

软件测试技术可分为静态测试技术和动态测试技术。静态测试是与动态测试相对而言的，静态测试的最大特点，就是不需要执行被测软件，而动态测试需要执行一次或多次被测软件。静态测试与动态测试是互补的，通常组织更注重动态测试而不太重视静态测试，但静态测试往往能够以相对较低的代价发现被测软件存在的缺陷，包括需求文档或者其他相关文档的错误和二义性。特别是当动态测试成本较高时，尤其适用采用静态测试技术。

2.3.1 静态测试技术

执行静态测试，需要软件需求规格说明、源程序代码以及其他诸如设计说明、用户手册等的相关文档，通常还需要使用一个或多个静态测试工具，如图 2-1 所示。

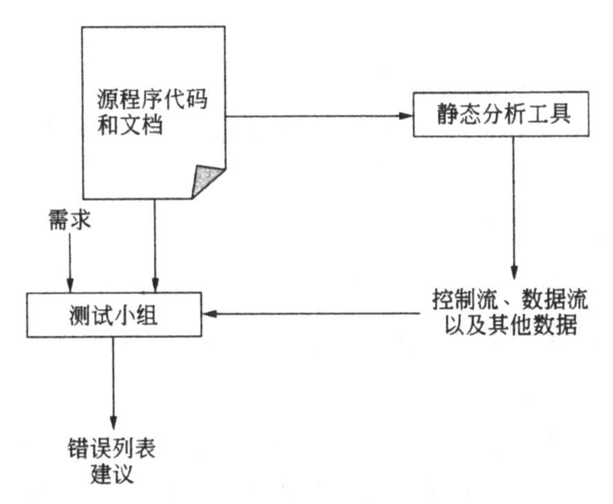

图 2-1　静态测试的要素

静态测试技术主要包括文档审查、代码审查、静态分析、代码走查等。

1. 文档审查

文档审查是对软件文档进行静态审查的一项技术，审查对象一般包括软件需求规格说明、软件概要设计说明、软件详细设计说明、软件用户手册等各阶段文档；审查重点是文档的完整性、一致性和准确性。

文档审查应在审查前明确所使用的检查单。为适应不同类型文档的审查，需要使用不同的检查单。检查单的设计或采用应经过评审并得到委托方的确认。

(1)实施要点。文档审查的实施要点主要有：

1)确定需要进行文档审查的对象，一般仅审查技术文档，包括软件需求规格说明、软件设计文档、软件用户手册等。

2)根据通用标准规范或委托方要求的工程规范对每份需要审查的文档制订文档审查单，在测试策划评审时提交评审专家讨论通过，并得到委托方的确认。

3)按照文档审查单进行文档审查，记录审查结果，报告发现的问题，需要时还应对更改后的文档进行回归审查，最后形成文档审查报告。

4)文档审查应关注文档格式是否符合规范要求，文档的描述是否明确、清晰，文档是否存在错误，文档之间是否一致等。

(2)组织与流程。文档审查一般采用桌面检查、审查或正式评审的方式进行。

桌面检查是一种较早的人工检查方法，不需要召开会议，可看作是由单人进行的文档检查，成本较小，效率一般也较低。

审查是最重要的人工静态测试技术之一，通过把工作产品与事先定义的一组审查规则进行比较，在不运行程序的情况下进行测试，检测和发现软件工作产品中的问题和遗漏。审查是一个正式的技术活动，一般由软件产品开发人员和一个同行小组来执行。审查小组一般有 4～6 个成员，包括 1 个协调人或负责人、1 个记录人、1 个开发者代表(提供审查材料，实施问题的验证和确认)、1 个或多个同行专家。审查的基本步骤包括规划、准备、审查、返工和追查，如图 2-2 所示。

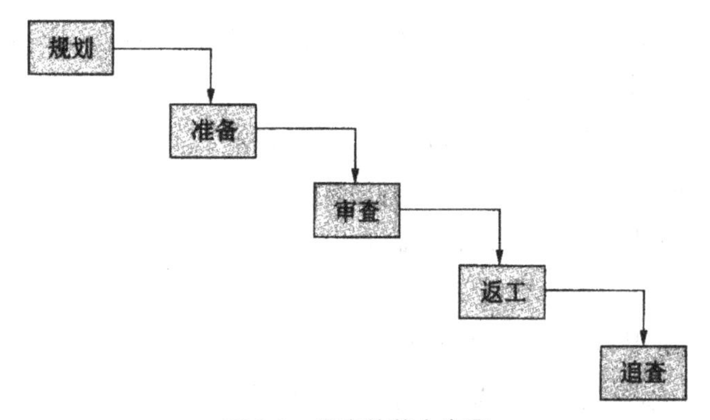

图 2-2 审查的基本步骤

在审查过程中需要执行的活动包括：

1)为审查小组成员提供准确的系统概述。

2)事先把相关文档或产品分发给审查小组成员。

3)在审查过程中发现错误并进行准确记录。

4)在审查过程中提问并对问题进行追踪直到发现错误。

5)对发现的错误进行验证和确认,以便于错误修复。

6)根据结果决定是否需要再次审查。

正式评审被用于在开发进入下一阶段之前发现中间产品中存在的缺陷,通常在软件开发生存周期中每个阶段结束时实施,也可以在阶段中间出现严重问题的时候实施。正式技术评审始于 1976 年出现的 Fagan 代码审查技术,在 IBM 成功使用后被推广并演化开来。评审的目标是找出设计漏洞、缺陷或成本过高的部分,一般通过提交的相关文档或产品来尽早识别问题所在,并在评审前或评审时对问题逐一进行澄清。正式评审在下个阶段开始前对项目进行有关变更提供了一次机会。关于评审的一般原则是:

1)评审的对象是产品,并不针对开发人员。

2)评审要有针对性,不能漫无目的地进行。

3)要求事先充分准备,如果评审人没有准备好,应取消会议或重新安排时间。

4)为每个被评审的文档或产品开发一个检查表。

5)在评审时,只进行有限的争辩。

6)阐明问题所在,但不要试图在会议中解决问题。

7)翔实记录问题,列出问题、建议和解决该问题的负责人,并保留问题记录。

8)将会议过程、发现的缺陷、向管理者提出的建议等进行文档化。

(3)成果形式。文档审查的成果一般包括文档审查实施前的文档检查表和实施后的文档审查报告。

文档检查表根据通用标准规范或委托方要求的工程规范制订,每个要审查的文档都需要制订文档检查表。常见的软件需求规格说明、软件概要设计说明、软件详细设计说明、软件用户手册和软件系统设计说明的文档审查表,见表 2-1~表 2-5。

表 2-1　软件需求规格说明文档审查表

序号	软件需求规格说明文档审查项
1	完整清晰地描述引用文件，包括引用文档（文件）的文档号、标题、编写单位（或作者）和日期等
2	确切地给出所有在本文档中出现的专用术语和缩略语定义
3	以 CSCI 为单位，进行软件需求分析
4	采用适合的软件需求分析方法
5	总体概述每个 CSCI 应满足的功能需求和接口关系
6	完整、清晰、详细地描述由待开发软件实现的全部外部接口（包括接口的名称、标识、特性、通信协议、传递的信息、流量、时序等）
7	完整、清晰、详细地描述由待开发软件实现的功能，包括业务规则、处理流程、数学模型、容错处理要求、异常处理要求等专业应用领域的全部要求
8	分别描述各个 CSCI 的性能需求
9	明确提出软件的安全性、可靠性、易用性、可移植性、维护性需求等其他要求
10	用名称和项目唯一标识号标识每个内部接口，描述在该接口上将要传递的信息的摘要
11	用名称和项目唯一标识号标识 CSCI 的数据元素，说明数据元素的测量单位、极限值/值域、精度、分辨率、来源/目的（对外部接口的数据元素，可引用详细描述该接口的接口需求规格说明或相关文档）
12	指明各个 CSCI 的设计约束
13	详细说明在将开发完成了的 CSCI 安装到目标系统上时，为使其适应现场独特的条件和（或）系统环境的改变而提出的各种需求
14	描述运行环境要求，包括运行软件所需要的设备能力、软件运行所需要的支持软件环境
15	详细说明用于审查 CSCI 满足需求的方法，标识和描述专门用于合格性审查的工具、技术、过程、设施和验收限制等
16	详细说明要交付的 CSCI 介质的类型和特性
17	描述 CSCI 维护保障需求
18	描述本文档中的工程需求与“软件系统设计说明”和（或）“软件研制任务书”中的 CSCI 的需求的双向追踪关系
19	文档编制规范、内容完整、描述准确一致

表 2-2 软件概要设计说明文档审查表

序号	软件概要设计说明文档审查项
1	概述 CSCI 在系统中的作用，描述 CSCI 和系统中其他的配置项的相互关系
2	以 CSC 为实体进行软件体系结构的设计
3	软件体系结构合理、优化、稳健
4	应对 CSC 之间的接口进行设计，用名称和项目唯一标识号标识每一个接口，并对与接口相关的数据元素、消息、优先级、通信协议等进行描述
5	为每个接口的数据元素建立数据元素表，说明数据元素的名称和唯一标识号，简要描述来源/用户、测量单位、极限值/值域（若是常数，提供实际值）、精度或分辨率、计算或更新的频率或周期、数据元素执行的合法性检查、数据类型、数据表示/格式、数据元素的优先级等
6	规定每一个接口的优先级和通过该接口传递的每个消息的相对优先次序
7	描述接口通信协议，分小节给出协议的名称和通信规格细节，包括消息格式、错误控制和恢复过程、同步、流控制、数据传输率、周期还是非周期传送以及两次传输之间的最小时间间隔、路由/地址和命名约定、发送服务、状态/标识/通知单和其他报告特征以及安全保密等
8	CSC 内存和处理时间分配合理（仅适用于“嵌入式软件”或“固件”）
9	描述 CSCI 中各 CSC 的设计，将软件需求规格说明中定义的功能、性能等全部都分配到具体的软件部件，必要时，还应说明安全性分析和设计并标识关键模块的等级
10	用名称和项目唯一标识号标识 CSCI 中的全局数据结构和数据元素，建立数据元素表
11	用名称和项目唯一标识号标识被多个 CSC 或 CSU 共享的 CSCI 数据文件，描述数据文件的用途、文件的结构、文件的访问方法等
12	建立软件设计与软件需求的追踪表
13	文档编写规范、内容完整、描述准确一致

表 2-3　软件详细设计说明文档审查表

序号	软件详细设计说明文档审查项
1	概述 CSCI 在系统中的作用，描述 CSCI 和系统中其他的配置项的相互关系
2	以包或类的方式在软件体系结构范围内进行逻辑层次分解，将软件需求规格说明中定义的功能、性能等全部进行分配，分解的粒度合理，相关说明清晰
3	采用逻辑分解的元素描述有体系结构意义的用况，使体系结构设计与用况需求之间有紧密的关联
4	描述系统的动态特征，对进程/重要线程的功能、生命周期和进程间的同步与协作有明确的说明
5	软件体系结构合理、优化、稳健
6	对每个标识的接口都设计有相应的接口类/包，规定每一个接口的优先级和通过该接口传递的每个消息的相对优先次序
7	描述接口和数据元素的来源/用户、测量单位、极限值/值域（若是常数，提供实际值）、精度或分辨率、计算或更新的频率或周期、数据元素执行的合法性检查、数据类型、数据表示/格式、数据元素的优先级等
8	进行安全性分析和设计并标识关键模块的等级
9	为完成需求的功能增加必要的包/类，使得层次分解的结果是一个完整的设计
10	实现视图描述 CSCI 的实现组成，每个构件分配了合适的需求功能，构件的表现形式（exe、dll 或 ocx 等）合理
11	部署视图描述 CSCI 的安装运行情况，能够对未来的运行景象形成明确概念
12	建立软件设计与软件需求的追踪表
13	采用的 UML 图形或其他图形描述正确、详略适当，有必要的文字说明
14	文档编写规范、内容完整、描述准确一致

表 2-4　软件用户手册文档审查表

序号	软件用户手册文档审查项
1	正确给出所有在本文档中出现的专用术语和缩略语的确切定义
2	准确描述软件安装过程，完整列出安装的有关媒体情况及使用方法

续表

序号	软件用户手册文档审查项
3	准确描述软件的各功能及操作说明，包括初始化、用户输入、输出、终止等信息
4	准确标识软件的所有出错告警信息、每个出错告警信息的含义和出现该错误告警信息时应采取的恢复动作等
5	文档编写规范、内容完整、描述准确一致

表 2-5　软件系统设计说明文档审查表

序号	软件系统设计说明文档审查项
1	总体概述系统（或项目）的建设背景或改造背景，概述系统的主要用途
2	引用文件完整准确，包括引用文档（文件）的文档号、标题、编写单位（或作者）和日期等
3	确切地给出所有在本文档中出现的专用术语和缩略语的定义
4	完整清晰描述软件系统的功能需求
5	完整清晰描述软件系统的性能需求
6	完整清晰描述软件系统的外部接口需求
7	完整清晰描述软件系统的适应性需求
8	完整清晰描述软件系统的安全性需求
9	完整清晰描述软件系统的操作需求
10	完整清晰描述软件系统的可靠性需求
11	清晰描述软件系统的运行环境
12	描述系统的生产和部署阶段所需要的支持环境
13	以配置项为单位（包括软件配置项和（或）硬件配置项）设计软件系统体系结构或系统体系结构
14	软件系统的体系结构合理、可行
15	用名称和项目唯一标识号标识每个 CSCI
16	清晰、合理地为各个软件配置项分配功能、性能

续表

序号	软件系统设计说明文档审查项
17	翔实设计各个软件配置项与其他配置项(包括软件配置项、硬件配置项、固件配置项)之间的接口
18	进行软件系统危险分析,合理确定软件配置项关键等级
19	合理分配与每个 CSCI 相关的处理资源
20	追踪关系完整、清晰
21	文档编写规范、内容完整、描述准确、一致

文档审查报告的内容一般包括审查对象概述、审查时间、审查人员、审查地点、审查过程以及审查问题等。

2.代码审查

代码审查是对软件代码进行静态审查的一项技术,目的是检查代码和设计的一致性、代码执行标准的情况、代码逻辑表达的正确性、代码结构的合理性以及代码的规范性、可读性。代码审查应根据所使用的语言和编码规范确定审查所用的检查单,检查单的设计或采用经过评审并得到委托方的确认。

(1)实施要点。代码审查的实施要点主要有以下 6 点:

1)对于代码执行标准的情况、代码逻辑表达的正确性、代码结构的合理性以及代码的可读性等,应明确规则检查标准,一般采用开发过程中遵循的标准,也可由测试方制订规则检查标准,规则检查标准需提交测试策划评审通过,得到委托方的确认。

2)尽可能选用相应代码的规则检查工具进行测试,对工具设置的检查规则应符合评审通过的规则。对于工具的检查结果,特别是问题部分,需要人工确认。

3)检查代码和设计的一致性需要阅读设计文档和代码,以检查代码实现是否与设计一致。

4)报告发现的问题,形成代码审查报告。

5)由于软件代码的复杂性,代码审查的通过标准不宜设为100%满足,测试方可用百分比的方式提出建议通过标准,最终由委托方确定。

6)有条件时,在回归测试前,可对软件更改前后版本的代码进行比对。

(2)组织与流程。代码审查采用自动化测试工具与人工确认相结合的方式进行,具体流程如下:

1)制订代码审查单。代码审查单应根据所使用的语言和编码规范制订,重点对代码执行标准的情况、代码逻辑表达的正确性、代码结构的合理性以及代码的可读性等进行检查,并需提交测试策划评审通过,得到委托方的确认。通常可采取在公认度高的通用检查单的基础上根据具体情况剪裁的方式,制订所需要的代码审查单。

2)根据代码审查单,设定自动化测试工具的规则集,进行自动化代码规则检查。对于 C/C++语言,经常使用的自动化测试工具包括 TestBed、CodeCast 等。自动化测试工具运行后,将生成自动化检查的结果,一般地,自动化检查结果中将包含大量的提示、警告和错误信息,其中可能含有相当大比重的虚警或误报信息。

3)采用人工方式对工具检查结果进行分析和确认。需对工具检查结果进行逐条分析,确认其指出的相应代码是否存在问题。必要时,可请软件开发人员对代码进行解释,协助确定问题。如果确实存在问题,应填写问题报告单。

4)采用人工方式检查代码和设计的一致性。这需要阅读设计文档和代码,比较代码实现是否与设计一致,目前只能通过人工方式进行。同样的,如果存在问题,应填写问题报告单。采用人工方式对工具检查结果进行确认以及检查代码和设计的一致性时,可以采用会议方式进行,应详细记录分析结果,特别是审查中发现的问题,应对问题的修改情况进行跟踪,必要时组织再次代码审查。

(3)成果形式。代码审查的成果一般包括代码审查实施前的代码审查单和实施后的代码审查报告。

代码审查单应根据所使用的语言和编码规范制订，可采取在公认度高的通用检查单的基础上根据具体情况剪裁的方式进行。代码审查单示例如表 2-6 所示。

表 2-6　代码审查单示例

序号	类别	检查项
1	初始化和定义	只读存储器空白单元的处理是否合理
2		随机存储器空白单元的处理是否合理
3		I/O 地址定义是否正确
4		实际地址范围是多少？可寻址范围是多少？对实际地址范围以外的寻址是否进行了正确的处理
5		变量是否唯一定义
6		变量名称是否容易混淆
7	数据引用	是否引用了未经初始化的变量
8		模块中间的数据关系是否符合约定
9	计算	数学模型的程序实现是否正确
10		变量值是否超过有效范围
11		对非法数据有无防范措施（如除法中除数为 0 等情况）
12		数据处理中是否存在累计误差
13		是否对浮点数的上溢和下溢采取了合理的处理方式
14		数据类型是否满足精度要求
15		数组是否越界
16		是否存在比较两个浮点数相等的运算

续表

序号	类别	检查项
17	控制流	每个循环是否存在不终止的情况
18		循环体是否存在循环次数不正确的可能，是否存在迭代次数多1或少1的情况
19		是否存在非穷举判断，如输入参数的期望值为“1”“2”或“3”，那么逻辑上是否可以判定该值非“1”、非“2”就必定是“3”，这种假设是否正确
20		中断嵌套及现场保护是否正确
21		条件跳转语句中的条件判断是否正确
22		程序是否转错地方
23		控制逻辑是否完整
24		是否使用了 abort，exit 等跳转函数
25		函数中是否存在多个出口
26		循环中是否存在多个出口
27	多余物	用于增加程序的可测试性而引入的必要功能和特征是否经过验证，证明不会因此影响软件的可靠性和安全性
28		是否存在不可能执行到的模块、分支、语句
29		是否存在定义而未使用的变量及标号
30	安全可靠性设计	数据及标志有无防止瞬时干扰的措施，一般应采用“三比二”比对策略、定时刷新存储单元或回送比对后周期数据等措施
31		重要数据的无用数据位是否采用了屏蔽措施
32		对程序误跳转或跑飞是否采取了防范措施，如陷阱处理或路径判断
33		重要信息的位模式是否避免采用仅使用一位的逻辑“1”和“0”表示，一般使用非全“0”或非全“1”的特定模式表示
34		有无必要的容错措施
35	健壮性设计	对误操作是否有防范措施
36		对于软件的重要功能或涉及系统安全性的功能，一旦硬件发生故障时，软件是否能继续在特定程序上维持其功能

续表

序号	类别	检查项
37	格式	程序注释是否正确、有意义
38		每个模块的入口处是否有说明，包括功能、调用说明、入口说明、出口说明等
39		程序模块的注释率是否符合要求
40	数据处理	缓冲区的使用是否合理
41		数据处理流程是否高效、合理
42		数据处理逻辑是否正确、合理
43		数据处理是否通俗易懂
44		数据处理方法是否简洁、高效、合理
45	其他	模块的规模，即代码行数是否符合要求
46		模块的圈复杂度是否符合要求
47		模块的扇入扇出数是否符合要求
48		模块的参数化率是否符合要求
49		堆栈的处理是否合理，是否存在错误
50		若使用了看门狗技术，其时间周期是否合理
51		每个模块是否完成一个主要功能
52		模块的入口、出口是否进行了现场保护
53		全局变量的不恰当使用

代码审查报告的内容一般包括审查对象概述、审查时间、审查人员、审查地点、审查过程、代码审查分析与统计结果（软件单元的规模、圈复杂度、扇入扇出数、源代码注释率、参数化率等静态特性）以及审查问题等。

3. 静态分析

静态分析是一种对代码机械性和程序化的特性分析方法，主要目的是以图形的方式表现程序的内部结构，供测试人员对程序结构进行分析。静态分析的内容包括控制流分析、数据流分析、接口分析、表达式分析等，可根据需要进行裁剪，但一般至少应进行控制流分析和数据流分析。

(1)实施要点。在静态分析中,测试人员通过使用静态分析测试工具分析程序源代码的系统结构、数据结构、内部控制逻辑等内部结构,生成函数调用关系图、控制流图、内部文件调用关系图、子程序表、宏和函数参数表等各种图形图表,可以清晰地展现被测软件的结构组成,并通过对这些图形图表的分析,帮助测试人员阅读和理解程序,检查软件是否存在缺陷或错误。

1)控制流分析。20世纪70年代以来,结构化程序的概念逐渐被人们接受,程序流程图又称框图(Flowchart),是人们最熟悉的一种程序控制结构的图形表示。为了更加突出控制流的结构,人们对程序流程图进行了简化,称为控制流图(Control-Flow-graph)或程序图。程序图是有向图,是路径测试的基本依据。

控制流分析中常用的有函数调用关系图和函数控制流图。

函数调用关系图的测试重点主要有:

①函数之间的调用关系是否符合要求。

②是否存在递归调用?递归调用一般对内存的消耗较大,对于不是必须的递归调用应尽量改为循环结构。

③函数调用层次是否太深?过深的函数调用容易导致数据和信息传递的错误和遗漏,可通过适当增加单个函数的复杂度来改进。

④是否存在孤立的函数?孤立函数意味着永远执行不到的场景或路径,为多余项。

函数控制流图的测试重点主要有:

①是否存在多出口情况?多个程序出口意味着程序不是从一个统一的出口退出该变量空间,如果涉及指针赋值、空间分配等情况,一般容易导致空指针、内存未释放等缺陷;同时,每增加一个程序出口将使代码的圈复杂度增加1,容易造成高圈复杂度的问题。

②是否存在孤立的语句?孤立的语句意味着永远执行不到的路径,是明显的编程缺陷。

③圈复杂度是否太大？一般地，圈复杂度不应大于10，过高的圈复杂度将导致路径的大幅增加，容易引入缺陷，并带来测试难度和工作量的增加。

④释放存在非结构化的设计。非结构化的设计经常导致程序的非正常执行结构，程序的可读性差，容易造成程序缺陷且在测试中不易被发现。

2)数据流分析。数据流分析考察变量定义和变量引用之间的路径，测试重点通常集中在定义/引用异常故障分析上，主要包括：

①使用未定义的变量。如果一个变量在初始化前被使用，其当前值是未知的，可能会导致危险的后果。

②变量已定义，但从未被使用。该类错误通常不会导致软件缺陷，但应对代码中的所有这种类型的问题进行检查和确认。

③变量在使用之前被重复定义，变量在两次赋值之间未被使用。这种情况比较常见，大部分情况下也不会导致软件缺陷，但也应该进行检查和确认。

④参数不匹配。指的是函数声明中的形参的变量类型与实参的变量类型不同，许多编译器对这种情况执行自动类型转换，但在某些情况下是危险的。

⑤可疑类型转换，指的是为一个变量赋值的类型与变量本身的类型不一致，类型转换时两种类型看起来可能很相似，但赋值结果可能会导致信息丢失，如果无法避免，应使用显式的强制类型转换。

(2)组织与流程。静态分析主要通过运行静态分析测试工具对程序代码进行自动化分析，需使用人工方式对测试工具生成的结果进行分析并得出结论。如果存在问题，应填写问题报告单。

(3)成果形式。静态分析的成果包括静态分析测试工具的原始结果，以及人工分析得出的结论，可以形成单独的静态分析报告，或者合并到其他静态测试(比如代码审查)的报告中。

4.代码走查

代码走查是对软件代码进行静态审查的一项技术，由测试人员组成小组，准备一批有代表性的测试用例，集体扮演计算机的角色，沿程序的逻辑，逐步运行测试用例，查找被测软件缺陷。

(1)实施要点。代码走查的实施要点主要有：

1)由测试人员集体阅读讨论程序，一般采用由开发人员逐行讲解代码、审查组集体讨论的方式进行。

2)要准备一批有代表性的测试用例，要有确定的输入数据和输出结果，用人脑代替计算机执行测试用例、运行程序，并记录测试结果。

(2)组织与流程。代码走查一般采用会议方式进行，需成立代码审查小组。在代码审查之前，开发者代表向审查小组负责人提供软件详细设计说明、程序清单、编码规范及相关文档等审查材料，并通过审查小组负责人把审查材料分发给小组成员，作为审查依据。审查小组负责人还应给每个成员分发已经过确认的代码审查检查单，也称缺陷检查表，列出以往编程中的常见错误，并对错误进行了分类。

审查小组成员在仔细阅读上述材料后，召开代码审查会议，进入正式的审查阶段。期间，开发者代表对程序逐句讲解，审查组其他成员听取讲解，提出自己的疑问，进而展开讨论，以确认是否存在错误或缺陷。

实践表明，编程人员在讲解自编程序的过程中，更易于发现原先未能发现的问题，同时审查小组成员的共同讨论，也有利于错误的暴露，发现更多的问题。

(3)成果形式。代码走查的成果包括代码走查的测试用例以及代码走查结果，可以形成单独的代码走查报告，或者合并到其他静态测试(比如代码审查)的报告中。

5.静态测试技术分析

静态测试是一种不需要实际执行软件的测试方式，使用审查、走查、评审等方式进行。静态测试需要使用软件工具来保障覆盖性和自动化，也需要进行人工检查确认以保障测试效果。静态测试不需要执行代码，可以在软件开发过程的任何阶段开展，寻找软件中存在的错误和缺陷。

实际运行程序以测试软件功能和性能的测试，称为动态测试。动态测试与静态测试在测试效果上各有所长。相比于动态测试，静态测试的优点在于以下 6 点：

1）静态测试能够更早地发现软件问题。静态测试不需要执行代码，能够在需求分析、设计阶段甚至更早地开展。更早地发现问题，往往意味着能够节省大量的缺陷修正时间和金钱。

2）静态测试成本较低。静态测试采用审查、走查、评审等方式进行，通常不需要设计和执行大量的测试用例，发现缺陷的单位成本往往比动态测试低得多。

3）静态测试更加快速。代码审查、静态分析采用自动化测试工具与人工确认相结合的方式，文档审查和代码走查在执行前需要有较为充分的准备，但相对于动态测试，通常花费的时间较短。

4）静态测试发现的问题更容易定位。静态测试通过直接查看源代码或模拟执行代码进行测试，缺陷原因更容易分析，软件问题更容易定位。

5）静态测试能获得更高的覆盖率。由于只能在实际执行的代码中寻找缺陷，动态测试的语句覆盖率通常只能达到 60％～70％，而静态测试往往能够在较短时间内达到 100％的覆盖。

6）静态测试可以发现更多类型的缺陷。静态测试能够在不同层次上发现编程缺陷，比如变量在初始化前使用、数组越界、不可达代码、循环中的无条件分支、参数类型或数目不匹配、未被调用的函数、空指针或指针类型错误等，而动态测试只能发现通过程序运行暴露出的缺陷。

静态测试也存在不少缺点，主要有以下 4 点：

1）静态测试工具经常会报告出大量的异常问题，使得判断哪些是真正的问题成为一项烦琐的工作。

2)静态测试无法看到代码之外需要分析的因素,比如软件需求规格说明、操作系统、库文件等。

3)静态分析器对识别特定类型的代码问题还存在不足,比如函数指针、条件语句中的变量等。

4)静态测试通常不作为一种详尽测试,只是检查代码/算法的健全程度以判断程序是否为详尽测试做好准备。

总而言之,静态测试侧重于文档及源代码的检查与优化,基本思想是不实际执行软件,直接查看源代码或模拟执行代码,目标是直接定位代码中的缺陷,提出结构设计优化和有关测试重点的意见建议。

2.3.2 动态测试技术

与静态测试不同,动态测试需要首先设计测试用例,然后一次或多次运行被测软件,并通过分析软件运行结果与期望结果的差异,来分析被测软件是否满足要求。

软件测试有多种分类方法,从是否关注被测程序的内部结构和实现细节的角度,软件测试可分为白盒测试、黑盒测试以及灰盒测试。

白盒测试利用程序设计的内部逻辑和控制结构生成测试用例,进行软件测试;黑盒测试方法主要通过分析规格说明中被测软件输入和输出的有关描述来设计测试用例,不需要了解被测软件的实现细节;灰盒测试是介于白盒测试和黑盒测试之间的一种测试方法,基于程序运行时的外部表现并结合程序内部逻辑结构来设计测试用例,采集程序外部输出和外部接口数据以及路径执行信息来衡量测试结果,对软件程序的外部需求及内部路径都进行检验。

1. 白盒测试

白盒测试也称结构测试或逻辑驱动测试,关注的是产品内部工作过程，可通过测试来检测产品内部动作是否按照规格说明书的规定正常进行，按照程序内部的结构测试程序，检验程序中的每条通路是否都能按预定要求正确工作，而不关注它的功能。白盒测试的主要方法有逻辑驱动、基路测试等，主要用于软件验证。

2. 黑盒测试

黑盒测试也称功能测试或数据驱动测试，它是在已知产品所应具有的功能情况下，通过测试来检测每个功能是否都能正常使用。在测试时，把程序看成一个不能打开的黑盒子，在完全不考虑程序内部结构和内部特性的情况下，测试者在程序接口进行测试，它只检查程序功能是否按照需求规格说明书的规定正常使用，程序是否能适当地接收输入数据而产生正确的输出信息，并且保持外部信息（如数据库或文件）的完整性。黑盒测试方法主要有等价类划分、边值分析、因果图、错误推测等，主要用于软件确认测试。

3. 灰盒测试

(1)概述。灰盒测试是将白盒测试、黑盒测试结合起来的一种无缝的测试方法，使用基于规格说明的测试用例，对软件是否满足外部规格说明进行确认，并运行和验证软件所有路径，是一种全生存周期的测试方法。

白盒测试和黑盒测试各有其自身优点，也都存在难以克服的不足，主要表现在只考虑了软件程序某一方面的属性和特征，这样，要进行全面的程序测试，不得不把测试工作分两次进行，用白盒方法测试一次，再用黑盒方法测试一次，不仅浪费时间，而且效果不一定好。灰盒测试正是基于此提出的，它较好地综合了白盒测试和黑盒测试的优点，克服了部分白盒测试和黑盒测试的缺点。

灰盒测试是一种综合测试方法，基于程序运行时的外部表现并结合程序内部逻辑结构来设计测试用例，采集程序外部输出和外部接口数据以及路径执行信息来衡量测试结果，对软件程序的外部需求及内部路径都进行检验。

灰盒测试方法以软件程序的功能需求和性能指标为测试依据，主要根据需求规格说明、程序流程图以及测试人员经验来进行测试设计。相比于白盒测试而言，灰盒测试更接近黑盒测试。

灰盒测试是一种全生存周期的测试方法，可用于多阶段的测试。最常见的是用于集成测试中，重点关注软件系统的各个模块之间的相互关联，即模块之间的互相调用、数据传递、同步/互斥关系等。

(2)实施步骤。灰盒测试前，需做好充分准备。除部署被测程序外，还需要具备源代码，准备好编译与运行环境，以及代码覆盖率工具。

实施灰盒测试，一般主要包括以下步骤(图 2-3)：

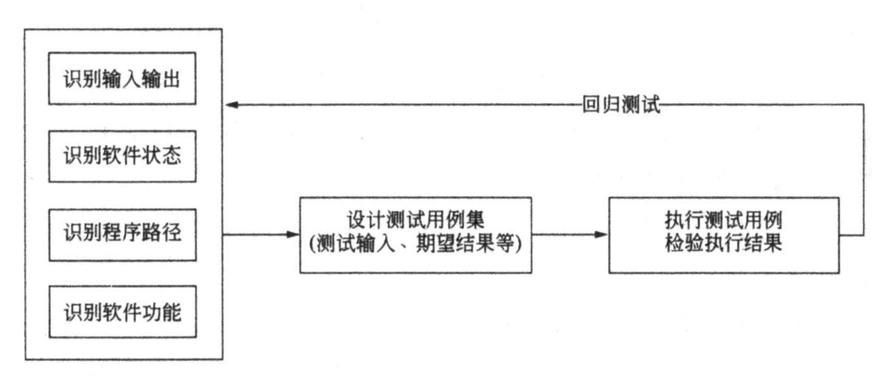

图 2-3　灰盒测试的主要步骤

1)识别被测程序的输入输出。

2)识别被测程序的各种状态。

3)识别被测程序的执行路径。

4)识别被测程序的软件功能。

5)设计测试用例(包括输入和期望结果等)集合。

6)执行测试用例并检验执行结果。

(3)灰盒测试技术分析。在软件测试领域，灰盒测试属于较新的测试技术。DO-178B 规范中新近加入了利用灰盒测试方法进行测试的标准。与白盒测试和黑盒测试相比，灰盒测试有以下特性：

1)灰盒测试根据规格说明来设计测试用例，这同黑盒测试一样，但要深入到系统内部的特殊点同时进行功能测试和结构测试。

2)灰盒测试需要了解程序结构和代码实现，这同白盒测试一样，但一般无须关心函数或程序单元内部的实现细节。

3)在执行时，灰盒测试一般需要通过编写代码、调用函数或者封装好接口的方式进行。

4)灰盒测试通常在白盒测试之后、进行大规模集成测试之前，由测试人员执行。

(4)灰盒测试的优点和不足。总的来说，灰盒测试的优点主要有：

1)能够进行基于需求的覆盖测试和基于程序路径的覆盖测试。

2)测试结果可对应到程序内部路径，便于缺陷定位分析。

3)相比于黑盒测试，能够更好地保障测试用例设计的完整性，提高软件功能覆盖率。

4)能够减少需求或设计的不详细或不完整对测试带来的不利影响。

灰盒测试的不足之处主要在于：

1)相比于黑盒测试，所需投入的测试时间多20%～40%。

2)相比于黑盒测试，需要测试人员清楚系统内部构成及其协作关系，对测试人员要求更高。

3)对程序代码覆盖率而言，不如白盒测试细致和深入。

4.动态测试技术分析

经过多年的发展，软件测试技术在总体上已经比较成熟，无论是静态测试技术还是动态测试技术，也不管是白盒测试、黑盒测试或者灰盒测试，都有了一些好用的测试方法。当然，这些方法各有优缺点，任何一个都不能替代另一种或者被另一种方法所替代，也正体现出了客观世界问题解决的哲学思想。

一般地，如果对被测对象认知很少，不了解软件内部结构，只关注外部的变化，比如外部输入、外部作用或被测软件所处的条件以及软件输出结果，要完成软件测试，采用黑盒测试方法；如果对被测对象非常熟悉，了解其内部结构，就可以采用白盒测试方法；而处于上述两种状态之间时，则可以采用灰盒测试方法。

另外，就软件测试级别来说，一般地，在单元测试阶段，以白盒测试方法为主；在集成测试阶段，可使用黑盒测试、白盒测试相结合的方法，或者灰盒测试方法；在集成测试之后，比如确认测试或系统测试时，主要采用黑盒测试方法。

对于某项具体的测试方法，可从以下方面进行评价：

1)测试用例对被测对象的覆盖程度。采用某种测试方法设计的测试用例对被测对象的覆盖程度越高，遗漏缺陷的风险就越低。

2)测试用例的冗余程度。测试用例的冗余程度越大，测试效率越低。每种测试方法的实施实际上都是对被测对象建模的过程，建立的模型通常都是被测对象的简化，生成的测试用例很可能存在冗余，导致用例数量多而缺陷发现率低。

3)测试用例集的规模大小。在满足测试效果的前提下，采用某测试方法得到的测试用例的数量越少，测试的工作量一般就越小，测试效率就越高。

4)测试用例的缺陷定位能力。测试用例都是对应某种类型的缺陷而设计的，比如输入条件边界、异常数据处理等，好的测试方法能够在测试用例失败时，快速隔离和定位导致测试用例失败的缺陷。

5)测试用例设计的复杂程度。测试用例的设计越简单，对测试人员的经验依赖性越低，设计测试用例所需的工作量和花费就越小，相应的测试方法越好。

2.4　测试用例

2.4.1　测试用例构成及其设计

测试用例是有效地发现软件缺陷的最小测试执行单元，是为了特定目的（如考察特定程序路径或验证是否符合特定的需求）而设计的测试数据及与之相关的测试规程的一个特定的集合。测试用例在测试中具有重要的作用，测试用例拥有特定的书写标准，在设计测试用例时需要考虑一系列的因素，并遵循一些基本的原则。

1.测试用例文档

测试用例文档应包含测试用例表和测试用清单。

（1）测试用例表

测试用例表如表 2-7 所示，对其中一些项目做如下说明：

表 2-7　测试用例表

<table>
<tr><td>用例编号</td><td></td><td>测试模块</td><td></td></tr>
<tr><td>编制人</td><td></td><td>编制时间</td><td></td></tr>
<tr><td>开发人员</td><td></td><td>程序版本</td><td></td></tr>
<tr><td>测试人员</td><td></td><td>测试负责人</td><td></td></tr>
<tr><td>用例级别</td><td colspan="3"></td></tr>
<tr><td>测试目的</td><td colspan="3"></td></tr>
</table>

续表

<table>
<tr><td>用例编号</td><td colspan="3"></td></tr>
<tr><td>测试内容</td><td colspan="3"></td></tr>
<tr><td>测试环境</td><td colspan="3"></td></tr>
<tr><td>规则指定</td><td colspan="3"></td></tr>
<tr><td>执行操作</td><td colspan="3"></td></tr>
<tr><td rowspan="4">测试结果</td><td>步骤</td><td>预期结果</td><td>实测结果</td></tr>
<tr><td>1</td><td></td><td></td></tr>
<tr><td>2</td><td></td><td></td></tr>
<tr><td>……</td><td></td><td></td></tr>
<tr><td>备注</td><td colspan="3"></td></tr>
</table>

1)测试项目:指明并简单描述本测试用例是用来测试哪些项目、子项目或软件特性的。

2)用例编号:对该测试用例分配唯一的标识号。

3)用例级别:指明该用例的重要程度。测试用例的级别分为 4 级:级别 1(基本)、级别 2(重要)、级别 3(详细)、级别 4(生僻)。

4)执行操作:执行本测试用例所需的每一步操作。

5)预期结果:描述被测项目或被测特性所希望或要求达到的输出或指标。

6)实测结果:列出实际测试时的测试输出值,判断该测试用例是否通过。

7)备注。如需要,则填写“特殊环境需求(硬件、软件、环境)”“特殊测试步骤要求”“相关测试用例”等信息。

(2)测试用清单

测试用例清单主要是统计每个不同的模块其对应的测试用例是什么。测试用例清单如表 2-8 所示。

表 2-8　测试用例清单

项目编号	测试项目	子项目编号	测试子项目	测试用例编号	测试结论	结论
1		1		1		
……		……		……		
总数						

2.测试用例设计书写标准

在编写测试用例过程中，需要遵守基本的测试用例编写标准，标准模板中主要元素有标志符(Identification)、测试项(Test Items)、测试环境要求(Test Environment)、输入标准(Input Criteria)、输出标准(Output Criteria)和测试用例之间的关联。

如果使用一个数据库的表来描述测试用例的主要元素，可参照表 2-9。

表 2-9　测试用例元素表示

字段名称	类型	是否必选	注释
标志符	整型	是	唯一标识该测试用例的值
测试项	字符型	是	测试的对象
测试环境要求	字符型	否	可能在整个模块里面使用相同的测试环境需求
输入标准	字符型	是	
输出标准	字符型	是	
测试用例间的关联	字符型	否	并非所有的测试用例之间都需要关联

如果用数据词典的方法来表示，测试用例可以简单地表示成：测试用例={输入数据+操作步骤+期望结果}，其中{}表示重复。这个式子还表明，每一个完整的测试用例不仅包含被测程序的输入数据，而且还包括执行的步骤、预期的输出结果。

接下来，这里用一个具体的例子来描述测试用例的组成结构。例如，对 Windows 记事本程序进行测试，选取其中的一个测试项——“文件(File)”菜单栏的测试。

测试对象:记事本程序“文件”菜单栏(测试用例标识 1000,下同),所包含的子测试用例描述如下:

```
|-- -- -- -- 文件/新建(1001)
|-- -- -- -- 文件/打开(1002)
|-- -- -- -- 文件/保存(1003)
|-- -- -- -- 文件/另存(1004)
|-- -- -- -- 文件/页面设置(1005)
|-- -- -- -- 文件/打印(1006)
|-- -- -- -- 文件/退出(1007)
|-- -- -- -- 菜单布局(1008)
|-- -- -- -- 快捷键(1009)
```

选取其中的一个子测试用例——文件/退出(1007)作为详细例子用完整的测试用例描述,如表 2-10 所示。通过这个例子,可以了解测试用例具体的描述方法和格式。通过实践,获得必要的技巧和经验,能更好地描述出完整的、良好的测试用例。

表 2-10 一个具体的测试用例

字段名称	描述
标志符	1007
测试项	记事本程序,“文件”菜单栏——“文件”→“退出”菜单的功能测试
测试环境要求	Windows 2000 Professional,中文版
输入标准	1)打开 Windows 记事本程序,不输入任何字符,鼠标单击选择菜单——“文件”→“退出”。 2)打开 Windows 记事本程序,输入一些字符,不保存文件,鼠标单击选择菜单——“文件”→“退出”。 3)打开 Windows 记事本程序,输入一些字符,保存文件,鼠标单击选择菜单——“文件”→“退出”。 4)打开一个 Windows 记事本文件(扩展名为. txt),不做任何修改,鼠标单击选择菜单——“文件”→“退出”。 5)打开一个 Windows 记事本文件,做修改后不保存,鼠标单击选择菜单——“文件”→“退出”

续表

字段名称	描述
输出标准	1)记事本未做修改,鼠标单击菜单——“文件”→“退出”,能正确退出应用程序,无提示信息。 2)记事本做修改未保存或者另存,鼠标单击菜单——“文件”→“退出”,会提示“未定标题文件的文字已经改变,想保存文件吗?”单击“是”按钮,Windows将打开“保存”/“另存”对话框;单击“否”按钮,文件将不被保存并退出记事本程序;单击“取消”按钮将返回记事本窗口
测试用例间的关联	1009(快捷键测试)

3.测试用例设计考虑因素

测试用例设计中考虑以下一些基本因素:

1)测试用例必须具有代表性、典型性。一个测试用例能基本涵盖一组特定的情形,目标明确,这可能要借助测试用例设计的有效方法和对用户使用产品的准确把握。

2)测试用例需要考虑到正确的输入,也需要考虑错误的或者异常的输入,以及需要分析怎样使得这样的错误或者异常能够发生。例如,电子邮件地址校验的时候,不仅需要考虑到正确的电子邮件地址(如 pass@web. com)的输入,同时需要考虑错误的、不合法的(如没有@符号的输入)或者带有异常字符(单引号、斜杠、双引号等)的电子邮件地址输入,尤其是在做 Web 页面测试的时候,通常会出现一些字符转义问题而造成异常情况的发生。

3)用户测试用例设计,要尽可能多地考虑用户实际使用场景。用户测试用例不仅需要考虑用户实际的环境因素,例如,在 Web 程序中需要对用户的连接速度、负载进行模拟,还需要考虑各种网络连接方式的速度。在本地化软件测试时,需要尊重用户的所在国家、区域的风俗、语言以及习惯用法。

2.4.2　测试用例的组织和跟踪

测试用例最终是为实现有效的测试服务的，那么怎样将这些测试用例完整地结合到测试过程中加以使用呢？这就涉及测试用例的组织、跟踪和维护问题。

1. 测试用例的属性

在整个测试设计和执行过程中，可能涉及很多不同类型的测试用例，这要求我们能有效地对这些测试用例进行组织。为了组织好测试用例，必须了解测试用例所具有的属性。不同的阶段，测试用例的属性也不同，如图 2-4 所示。基于这些属性，可以采用数据库方式更有效地管理测试用例。

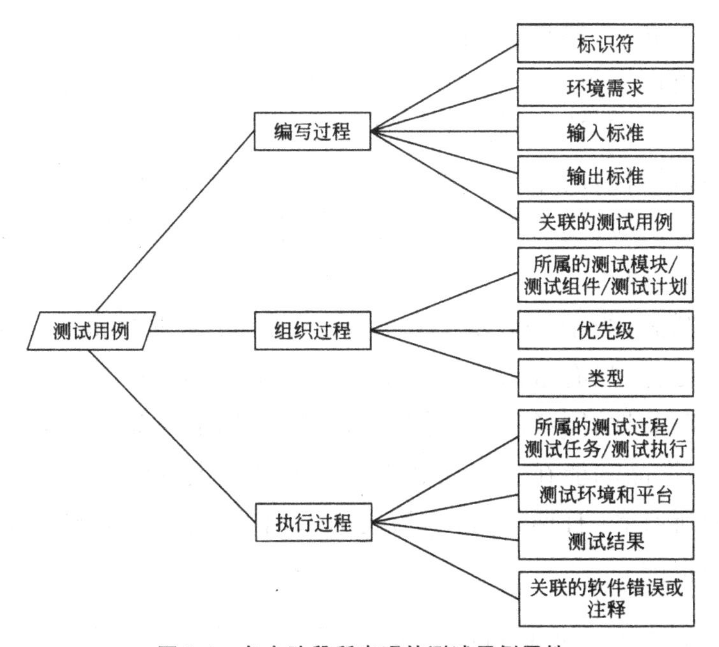

图 2-4　各个阶段所表现的测试用例属性

测试用例的编写过程：标识符、环境需求、输入标准、输出标准、关联的测试用例。

测试用例的组织过程：所属的测试模块/测试组件/测试计

划、优先级、类型等。

测试用例的执行过程：所属的测试过程/测试任务/测试执行、测试环境和平台、测试结果、关联的软件错误或注释。

其中，标识符、测试环境、输入标准、输出标准等构成了测试用例的基本要素，而其他的具体属性，下面给予详细的说明：

1)优先级(Priority)。优先级越高，被执行的时间越早、执行的频率越多。由最高优先级的测试用例组合构成基本验证测试(Basic Verification Test，BVT)，每次构建软件包时，都要被执行一遍。

2)目标性，包括功能性、性能、容错性、数据迁移等各方面的测试用例。

3)所属的范围，属于哪一个组件或模块，这种属性可以和需求、设计等联系起来，有利于整个软件开发生命周期的管理。

4)关联性，测试用例一般和软件产品特性相联系，通过这种关联性可以了解每个功能点是否有测试用例覆盖、有多少个测试用例覆盖，从而确定测试用例的覆盖率。

5)阶段性，属于单元测试、集成测试、系统测试、验收测试中的某一个阶段，这样可以针对阶段性测试任务快速构造测试用例集合，用于执行。

6)状态，当前是否有效。如果无效，被置于“Inactive”状态，不会被运行，只有激活(Active)状态的测试用例才被运行。

7)时效性，同样功能不同的版本所适用的测试用例可能不相同，因为产品功能在一些新版本上可能会发生变化。

8)所有者、日期等特性，描述测试用例是由谁、在什么时间创建和维护的。

2.测试套件及其构成方法

如何进行测试用例的组织？组织测试用例的方法，一般采用自顶向下的方法。首先在测试计划中确定测试策略和测试用例设计的基本方法，有时会根据功能规格说明书来编制测试规格说明书，如图 2-5 所示；而多数情况下会直接根据功能规格说明书来编写具体的测试用例。

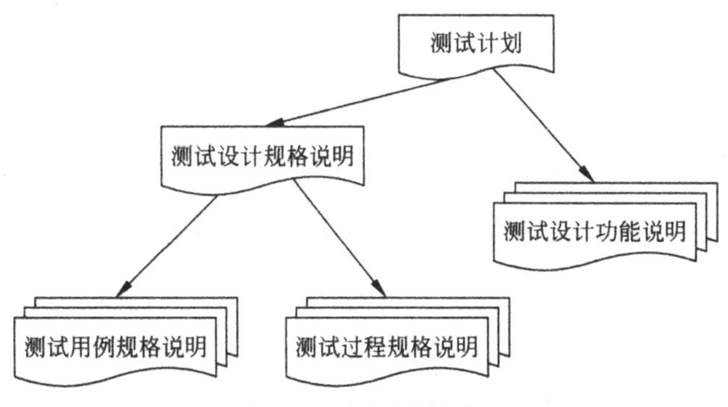

图 2-5　测试用例组织

在测试用例组织和执行过程中，还需要引入一个新概念——测试套件（Test Suite）。测试套件是根据特定的测试目标和任务而构造的某个测试用例的集合。这样，为完成相应的测试任务或达到某个测试目标，只要执行所构造的测试套件，使执行任务更明确、更简单，有利于测试项目的管理。测试套件可以根据测试目标、测试用例的特性和属性，来选择不同的测试用例，构成满足特定的测试任务要求的测试套件，如基本功能、测试套件、负面测试套件、Mac 平台兼容性测试套件等。

那么如何构造有效的测试套件呢？通常情况下，使用以下几种方法来组织测试用例：

（1）按照程序的功能模块组织。软件产品是由不同的功能模块构造而成，因此，按照程序的功能模块进行测试用例的组织是一种很好的方法。将属于不同模块的测试用例组织在一起，能够很好地检查测试所覆盖的内容，实现准确地执行测试计划。

（2）按照测试用例的类型组织。一个测试过程中，可以将功能/逻辑测试、压力/负载测试、异常测试、兼容性测试等具有相同类型的用例组织起来，形成每个阶段或每个测试目标所需的测试用例组或集合。

(3)按照测试用例的优先级组织。和软件错误相类似,测试用例拥有不同优先级,可以按照测试过程的实际需要,定义测试用例的优先级,从而使得测试过程有层次、有主次地进行。

以上各种方式中,根据程序的功能模块进行组织是最常用的方法,同时可以将三种方式混合起来,灵活运用。

图 2-6 体现了测试用例组织和测试过程的关系,这是基于前面的测试用例特性分析,以及如何有效地完成测试获得的。这个过程可以简单描述如下:

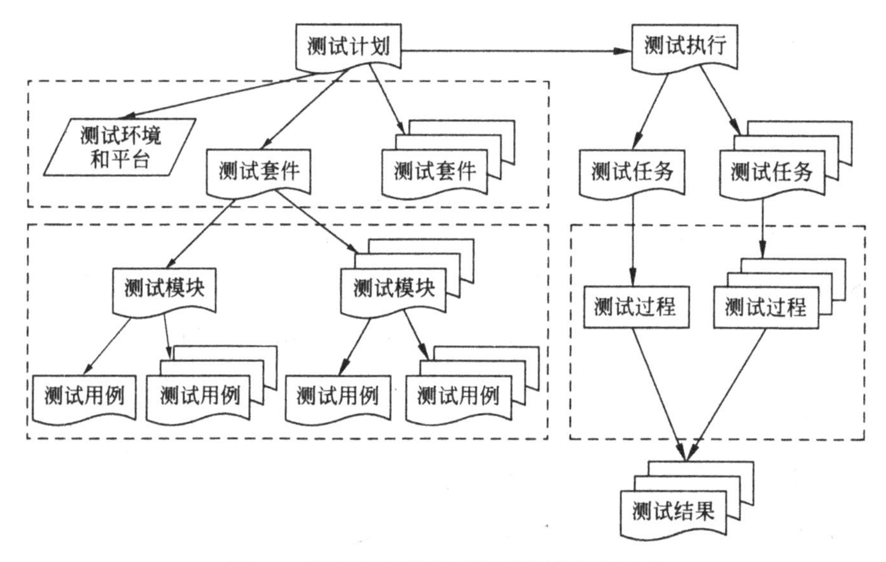

图 2-6　测试用例的组织和测试过程的关系

1)测试模块由该模块的各种测试用例组织起来。

2)多个测试模块组成测试套件(测试单元)。

3)测试套件加上所需要的测试环境和测试平台需求组成测试计划。

4)测试计划确定后,就可以确定相应的测试任务。

5)将测试任务分配给测试人员。

6)测试人员执行测试任务,完成测试过程,并报告测试结果。

3. 跟踪测试用例

在测试执行开始之前,测试组长或测试经理应该能够回答下面一些问题：

1)整个测试计划包括哪些测试组件？

2)测试过程中有多少测试用例要执行？

3)在执行测试过程中，使用什么方法来记录测试用例的状态？

4)如何挑选出有效的测试用例来对某些模块进行重点测试？

5)上次执行的测试用例的通过率是多少？哪些是未通过的测试用例？

根据这些问题，对测试执行做到事先心中有数，有利于跟踪测试用例执行的过程，控制好测试的进度和质量。

(1)跟踪测试用例的内容。测试过程中测试用例有三种状态——通过(Pass)、未通过(Fail)和未测试(Not Done)。根据测试执行过程中测试用例的状态，针对测试用例的执行和输出而进行跟踪，从而达到测试过程的可管理性以及完成测试有效性的评估。跟踪测试用例，包括以下两个方面的内容：

1)测试用例执行的跟踪。例如，在一轮测试执行中，需要知道总共执行了多少个测试用例？测试用例中通过、未通过以及未测试的各占多少？测试用例不能被执行的原因是什么？当然，这是个相对的过程，测试人员工作量的跟踪不应该仅凭借测试用例的执行情况和发现的程序缺陷多少来判定，但至少可以通过测试执行情况的跟踪大致判定当前的项目进度和测试的质量，并能对测试计划的执行做出准确的推断，以决定是否要调整。

2)测试用例覆盖率的跟踪。测试用例的覆盖率指的是根据测试用例进行测试的执行结果与实际的软件存在的问题的比较，从而实现对测试有效性的评估。

图 2-7，在一个测试执行中，92％的测试用例通过，5％的测试用例未通过，3％的测试用例未使用。在发现的软件缺陷和错误中，有90％通过测试用例检测出来，而有 10％未通过测试用例检验出来，此时，需要对这些软件错误进行分类和数据分析，完善测试用例，从而提高测试结果的准确性，使问题遗漏的可能性最小化。

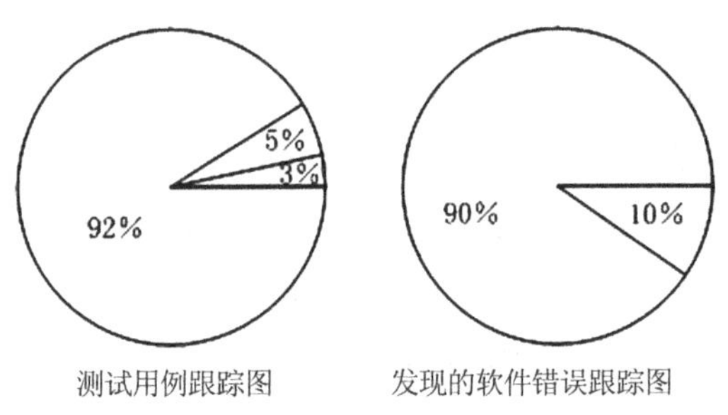

图 2-7　测试用例覆盖率的跟踪

图 2-8 是针对每个测试模块的测试用例的跟踪示意图。通过对比，不难发现，模块二和模块三的未通过率和未使用率都比较高，此时测试组长需要对这两个模块的测试用例以及测试过程进行分析，是这个模块的测试用例设计不合理？还是模块本身存在太多的软件缺陷？根据实际的数据分析，可以对这两个模块重新进行单独测试，通过纵向的数据比较，来实现软件质量的管理和改进。

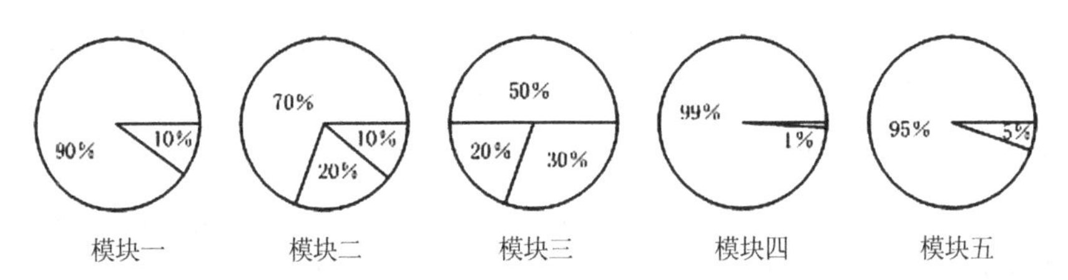

图 2-8　模块测试用例跟踪图

(2)跟踪测试用例的方法。凭借个人的记忆来跟踪测试用例几乎是不可能的，所以一般会采用下列方法来跟踪测试用例：

1)书面文档。在比较小规模的测试项目中，使用书面文档记录和跟踪测试用例是可行的一种方法，测试用例清单的列表和图例也可以被有效地使用，但作为组织和搜索数据进行分析时，就会遇到很大的困难。

2)电子表格。一种流行而高效的方法是使用电子表格来跟踪和记录测试的过程，通过表格列出测试用例的跟踪细节，可以直观地看到测试的结果，包括关联的缺陷，然后利用电子表格的功能比较容易进行汇总、统计分析，为测试管理和软件质量评估提供更有价值的数据。

3)数据库是最理想的一种方式,通过基于数据库的测试用例管理系统,非常容易跟踪测试用例的执行和计算覆盖率。测试人员通过浏览器将测试的结果提交到系统中,并通过自己编写的工具生成报表、分析图等,能更有效地管理和跟踪整个测试过程。

4. 维护测试用例

测试用例不是一成不变的,当一个阶段测试过程结束后,我们或多或少会发现一些测试用例编写得不够合理,需要完善。而当同一个产品新版本测试中要尽量使用已有的测试用例,但某些原有功能已发生了变化,这时也需要去修改那些受功能变化影响的测试用例,使之具有良好的延续性。所以,测试用例的维护工作是不可缺少的。测试用例的更新,可能出于不同的原因。由于原因不同,其优先级、修改时间也会有所不同,详见表 2-11。

表 2-11 测试用例维护情况一览表

原因	更新时间	优先级
先前的测试用例设计不全面或者不够准确,随着测试过程的深入和对产品功能特性的更好理解,发现测试用例存在一些逻辑错误,需要纠正	测试过程中	高,需要及时更新
所发现的、严重的软件缺陷没有被目前的测试用例所覆盖	测试过程中	高,需要及时更新
新的版本中添加新功能或者原有功能的增强,要求测试用例做相应改动	测试过程前	高,需要在测试执行前更新
测试用例不规范或者描述语句的错误	测试过程中	中,尽快修复,以免引起误解
旧的测试用例已经不再使用,需要删除	测试过程后	中,尽快修复. 以提高测试效率

维护测试用例的过程是实时的、长期的,和编写测试用例不同,维护测试用例一般不涉及测试结构的大改动,例如在某个模块里面,如果先前的测试用例已经不能覆盖目前的测试内容,可能需要重新定义一个独立的测试模块单元来重新组织新的测试

用例。但在系统功能进行重构时,测试用例也会随之重构。测试用例的维护基本流程如图 2-9 所示。

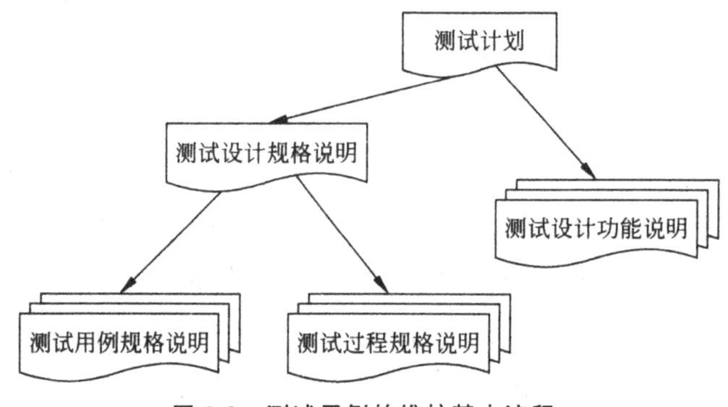

图 2-9　测试用例的维护基本流程

1)任何人员(包括开发人员、产品设计人员等)发现测试用例有错误或者不合理,都可以向编写者提出测试用例修改建议,并提供足够的理由。

2)测试用例编写者(修改者)根据测试用例的关联性和修改意见,对特定的测试用例进行修改。

3)向开发、项目组长(经理)递交修改后的测试用例。

4)项目组长、开发人员以及测试用例编写者进行复核后提出意见,通过后,由测试用例编写者进行最后的修改,并提供修改后的文档和修改日志。

5.测试用例的覆盖率

测试用例的覆盖率是评估测试过程以及测试计划的一个参考依据,它根据测试用例对测试的执行结果与软件实际存在的问题进行比较,从而获得测试有效性的评估结果。例如,确定哪些测试用例是在发现缺陷之后再补充进来的,这样就可以基本给出测试用例的覆盖率为

测试用例的覆盖率=
发现缺陷后补充的测试用例数/总的测试用例数

如果想更科学地判断测试用例覆盖率,可以通过测试工具来监控测试用例执行的过程,然后根据获得的代码行覆盖率、分支

或条件覆盖率来确定测试用例的覆盖率。

我们需要对低覆盖率的测试用例进行数据分析，找出问题的根本原因，从而更有针对性地修改测试用例，更有效地组织测试过程。例如，通过了解哪些缺陷没有测试用例覆盖，可以针对这些缺陷添加相应的测试用例，这样就可以提高测试用例的质量。

第3章　软件测试的核心技术：黑盒测试技术

黑盒测试技术根据规格说明来设计测试用例，一般无须关心函数或程序单元内部的实现细节。一般地，如果对被测对象认知很少，不了解软件内部结构，只关注外部的变化，比如外部输入、外部作用或被测软件所处的条件以及软件输出结果，要完成软件测试，采用黑盒测试方法。

3.1　黑盒测试概述

黑盒测试是测试过程中用得非常广泛的一种测试方法，读者需要理解其概念。

3.1.1　一个例子引出黑盒测试

如果有一个如图3-1所示的杯子，需要你对它进行测试，应该如何下手呢？

图3-1　纸杯

1)应该有用户的需求。也就是说,用户给我什么样的杯子让我测试,是玻璃杯?还是纸杯?如果是纸杯,大概是个什么样的杯子?这里用户需求是:一个带广告图案的花纸杯。

2)测试细节。纸杯最重要的作用是装水。这里的待测纸杯能不能装水?其他液体呢?冷、热液体都能装吗?这里要对纸杯进行功能测试,只要纸杯能装各种液体、不会渗漏,说明功能完整。本章所介绍的黑盒测试主要是进行功能测试。一步一步地进行测试,就是测试用例要做的事情。

3.1.2　黑盒测试的具体概念

1.黑盒测试的概念

黑盒测试也称功能测试或数据驱动测试,它是站在用户的角度,在已知产品所应具有的功能情况下,通过测试输入数据与输出数据的对应关系来检测每个功能是否都能正常使用。

黑盒测试不会涉及程序的内部结构,将程序看作一个黑盒子,通过程序接口测试程序的输入情况和输出情况,如图3-2所示。

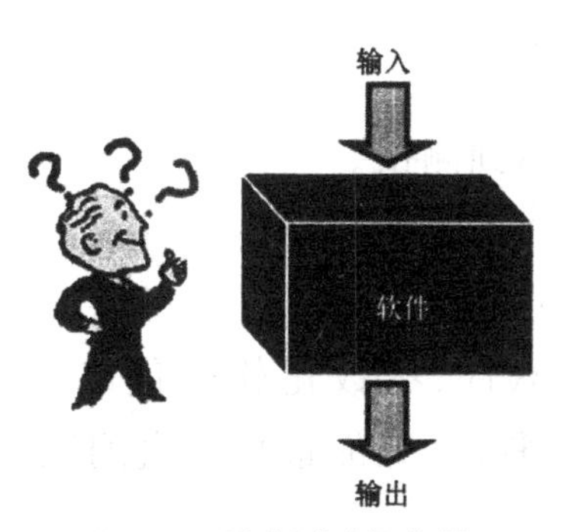

图3-2　黑盒测试概念图

2.黑盒测试优点

1)黑盒测试不考虑软件的具体实现,当软件内部实现发生变化时，测试用例仍然可以使用。

2)黑盒测试用例的设计可以和软件开发同时进行，这样能够压缩总的开发时间，如图 3-3 所示。在编写了《需求分析报告》之后就可以用黑盒测试方法设计测试用例了。

3)黑盒测试适用于各个测试阶段。

4)从产品功能角度进行测试。

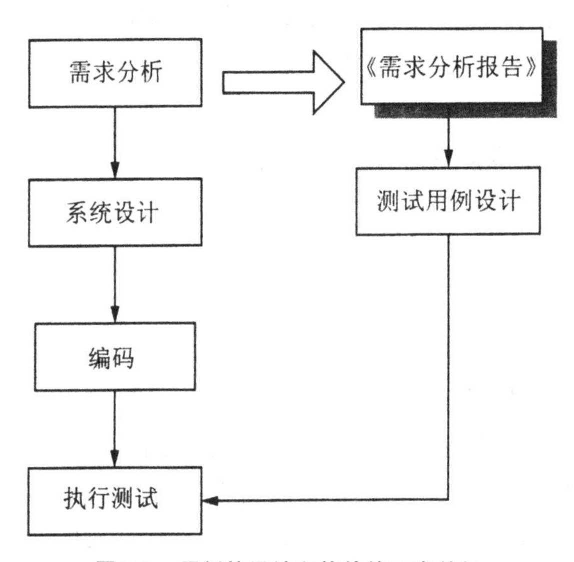

图 3-3 用例的设计和软件的开发并行

3. 黑盒测试缺点

1)某些代码得不到测试。

2)无法发现软件需求说明书本身的错误。

3)不易进行充分性测试。

4)对一些外购软件、参数化软件包以及某些自动生成的软件，由于无法得到源程序，只能选择黑盒测试对其进行测试。

3.2 静态黑盒测试技术

静态黑盒测试技术是无须运行测试对象的黑盒测试技术。

由于软件工程的普及,目前在软件开发过程中,无论采用哪种开发模式,开发小组都应根据软件需求编写软件产品规格说明书,用来定义软件是什么样的。静态黑盒测试主要就是针对软件产品规格说明书的审核。

3.2.1 软件需求与软件产品规格说明书

1. 软件需求

从本质上说,软件需求(Software Requirement)表达了软件产品应该满足的某些需要和限制,用以解决一些实际应用中的问题。因此,软件需求就是为了解决具体的实际问题,通过开发或修改使软件具有特定的性质。实际问题往往是多种多样的,通常从细节上分析都是比较复杂的。因此对特定软件的需求,也往往是来自于组织不同层面的人员的要求,以及操作软件的环境的复杂组合体。

软件需求最基本的特性是可验证性,但具体验证起来很可能难度大,耗费高。因此,需求分析和质量管理人员必须保证在可获取的资源限制下能够对需求进行验证。除了描述软件行为外,软件需求还应该包括其他内容,例如优先级的指定(用以面对有限的资源时进行权衡取舍),以及能够得出当前状态的定量评估(用以保证整个项目的进展处于控制之下)。

2. 软件产品规格说明书

产品规格说明书也称功能规格说明书(Functional Specification)。软件产品规格说明书采用书面形式,以完整、精确和可验证的方式指定系统或组件的需求、设计、行为及其他方面的特征,通常还应包括确定软件是否已经满足上述内容的步骤。通常在需求分析阶段结束之前,系统分析员应该写出软件产品规格说明书(如果条件允许,应该由软件提供方和客户共同完成这项工作)。

需求分析和软件产品规格说明是一项工作量大、难度高的工作。用户与系统分析员之间需要进行深入而有效的沟通。在双方交流信息的过程中很容易出现误解或遗漏,也可能存在二义性。因此,不仅在整个需求分析过程中应该集中精力、细致工作并采用行之有效的沟通技术,而且必须严格审查验证需求分析的结果,这样才能从源头上减少软件缺陷的发生。

3.2.2 规格说明书的高层次审查

在软件产品规格说明书的高层次审查阶段,不是马上进入规格说明书的细节检查,而是在一定高度上进行审查,其目的是找出根本性的问题、疏忽和遗漏之处。一般而言,可以采用以下方法。

1.假设自己是客户

软件质量的高低通常和满足客户要求的程度紧密相关,因此在审查产品说明书时,软件测试员必须站在客户的角度,考虑软件应完成哪些需求。

为了达到这个目的,软件测试员应该尽量熟悉软件应用领域的相关知识,然后再进行审查。在缺乏相关背景知识时,如果对规格说明书的某一部分不理解,不能假定它是对的,必须通过各种渠道了解清楚,例如和市场人员或销售人员交流,补充对最终用户的相关认识。

假设自己是客户时很容易忽略软件的安全性。因为客户往往假设软件是安全的,但实际的软件产品是否达到安全性则必须仔细加以考察。

2.研究现有的标准和规范

目前硬件和软件都基本上被标准化了,现行标准和规范也许还存在不足之处,但是其包含的共性可以确保开发效率和最终产品的质量,因此软件产品应该遵守标准和规范。如果有例外之处,应该明确其理由并确保能够完成。

标准和规范包括以下例子:

1)如果产品是为某个特定单位开发,应严格遵循标的公司的惯用语和约定,不宜自行命名和规定。

2)行业要求。医药、工业和金融行业的应用软件必须严格遵守行业标准。

3)政府标准。政府和军队系统有严格的标准。

4)图形用户界面(GUI)。例如软件运行在微软的 Windows 或苹果的 Macintosh 操作系统之下,应遵守二者的 GUI 标准。

5)安全标准。软件及其界面和协议可能需要满足一定的安全标准。

软件测试员的任务是明确所采用的标准是否正确、有无遗漏。在对软件进行确认和验收时,还要注意是否与标准和规范相抵触,把标准和规范视为规格说明书的一部分。

3.审查和测试类似软件

在审查软件产品规格说明书阶段,还没有具体产品可供测试,因此了解软件运行结果的最佳方法是研究类似软件,例如竞争对手的产品。一般而言,开发软件产品之前,都有某个类似产品作为原型,项目经理或者规格说明书的编写人员可能已经做了相关调研工作,因此类似软件的相关信息通常是可以获得的。

审查和测试类似软件有助于设计测试条件和测试方法,还可能发现意想不到的潜在问题,从而在新开发的产品中加以避免。

审查竞争产品时应注意以下几个问题:

1)软件规模。和类似软件比较起来,当前开发的软件的功能是否相当?代码量有多少差别?有无可能影响到测试?

2)复杂性。软件与类似软件比较起来是简单还是复杂?会影响测试吗?

3)可测试性。是否有足够的资源、时间和经验来测试软件?

4)质量和可靠性。软件是否完全满足质量要求?可靠性是高还是低?

5)安全性。竞争对手软件的安全性和自己软件的安全性比较起来有无差别?

阅读关于类似软件的评价文章和联机文档通常是有效的方法之一。这对安全方面的问题特别有效。

3.2.3 规格说明书的细节审查

规格说明书的高级审查针对的是软件产品及影响软件产品设计的外部因素。了解这些信息后,就可以对规格说明书进行细节上的审查了。

1.规格说明书应包含的基本内容

在产品规格说明书中,应包含下列基本内容:

1)功能需求。即软件应该完成哪些功能。

2)外部接口。即软件如何与操作者、系统硬件、其他软件和硬件交互。

3)性能需求。即速度、可用性、响应时间及各项功能的恢复时间等性能方面的要求。

4)其他相关的质量特性。即可移植性、正确性、可维护性和安全性等方面的考虑。

5)设计方面的约束。即明确有无需要遵守的标准和规范、编程语言、数据库完整性、资源限制和运行环境等方面的要求。

产品规格说明书应避免涉及任何软件的具体设计、实现及整体项目方面的内容。

2.规格说明书的属性审查清单

在进行细节审查时,应按照下列属性审查清单逐项进行审查。

(1)正确。正确是指规格说明书里描述的每项需求都是软件在实际工作中将遇到的。目前还没有工具和特定的过程能够完全保证规格说明书的正确性。在审查规格说明书时,应和更高层系统级别的说明书进行对比,或通过与最终用户进行交流,来保证规格说明书的正确性。

(2)清晰。清晰是指规格说明书里描述的每项需求都只有唯一的解释。对这一属性,最低的要求是最终产品的每项特征都用同样的术语来表述。如果在某些上下文中,某一术语可能有二义性,则应该检查是否有对这些术语进行解释的专门文档。

规格说明书在软件生命周期中的很多地方都会用到,例如设计、实现、项目监控、确认和验证,以及对用户的培训等。因此必须保证规格说明书对设计、开发和使用的相关人员都是清晰的。在审查时要充分考虑不同人员的背景,保证其理解是一致的。

对于用自然语言书写的规格说明书,需要格外注意自然语言的模糊性。具体内容见本书3条。

(3)完整。完整是指规格说明书里应包括下述内容:

1)包含了所有的功能需求、性能需求、设计约束、外部接口及其他相关质量特性等内容。

2)软件对所有类型条件下的所有可能类型的输入都定义了响应。特别应注意检查是否对有效输入和无效输入都定义了响应。

3)各种图形、表格等的标号和引用,以及所有项和度量的单位的定义。

(4)一致。此处的一致,主要是指规格说明书内部的一致性(如果与其他高层文档发生冲突,则是不正确的)。内部一致性主要指任何需求的子集都没有产生互相冲突。一般而言,有以下3类情况需要在审查时加以注意:

1)指定的某些特征是冲突的。例如在某处要求输出表格而另一处要求输出文本;某个需求要求用绿色而另一个需求要求采用蓝色。

2)在指定的动作间存在逻辑或时序上的冲突。例如某个需求指定程序对两个输入数字相加而另一个需求指定这两个数相乘;某个需求指定B在A之后出现,而另一个需求指定二者同时出现。

3)两个或多个需求描述同一个实体但采用了不同的术语。

应检查是否采用了标准术语和定义，这样可以提高规格说明书的一致程度。

(5)对于重要性和稳定性排序。即对所有需求项都赋予一个表明其重要性或稳定性的标识。一般而言，软件产品的所有需求项都不是同等重要的，有一些需求是必须满足的(例如保证人身安全)，而另一些是希望满足的(非强制性)。对每一项需求都要进行标识，可以使得上述区别更明显。进行合理的排序可以使用户更仔细地考虑每项需求，因此能发掘更多的隐含内容。同时开发者可以据此正确地对软件不同部分做出更合理的开发决策(例如时间与人员的分配)，因此应进行审查。

(6)可验证。此处的可验证，主要是指规格说明书里描述的每项需求都可以进行验证，即存在着可接受的验证方法，使用该方法，人或机器能够校验软件产品是否满足了需求。不清晰的需求通常也是不可验证的。

(7)可修改。此处的可修改，主要是指能够对规格说明书进行方便、完整和一致的修改，并保证原有的结构和风格。为此可以做如下审查：

1)是否有合乎逻辑且易于使用的内容组织，包括目录、索引及显式的交叉引用等内容。

2)无冗余，即同样的需求在规格说明书中不应出现多处。

3)对需求分开描述，而非几个需求合在一起描述。

需要注意的是，冗余本身并不意味着错误，但经常会导致错误。冗余固然有时能提高文档的可读性，但当文档升级时，某一项需求只在一处做了修改，而没有在其他出现的地方修改，则此时规格说明书就不一致了。如果冗余是必需的，就一定要做好交叉引用，不破坏其可修改性。

(8)可追踪性。此处的可追踪性，主要是指每项需求都是清楚的并且能方便地在其后的开发及其他文档中查询。在审查时应注意以下两种可追踪性：

1)向后追踪性，即对较早开发阶段的追踪。这要求每项需求都显式地给出较早文档中的来源。

2)向前追踪性，即对规格说明书引发的其他文档的追踪。这要求每项需求都有唯一的名称或引用号。

向前追踪性对软件产品进入运行维护阶段是特别有意义的。当代码和设计文档修改了，向前追踪性对于明确有哪些需求受到这些修改的影响是不可或缺的。

3. 典型的问题用语

(1)过于绝对的用语。例如，总是、所有、每一种和从不等。如果在规格说明书中发现这类用语，应检查其反例是否存在。

(2)诱导性的用语。例如：当然、明显、显然和必然等。如果在规格说明书中发现这类用语，应检查其假定的合理性是否存在。

(3)模糊用语。例如，某些、有时、通常、大多和几乎等，以及诸如此类、以此类推等。如果在规格说明书中发现这类用语，应对其涉及的内容明确定义。

(4)无法量化的用语。例如，迅速、良好、廉价、高效和稳定等。如果在规格说明书中发现这类用语，应对其明确量化。

(5)掩盖细节的用语。例如，处理、拒绝、进行和排除等。如果在规格说明书中发现这类用语，应检查其隐含的细节是否都明确地写出。

(6)不完整的用语。例如，如果……那么。如果在规格说明书中发现这类用语，应检查条件不成立时应对应的判断分支如何处理。

3.3　等价类划分法

3.3.1　等价类划分法的概述

1. 定义

等价类划分法是将程序所有可能的输入情况，分成若干个子集,并从子集中挑选典型数据作为测试用例。等价类划分法在黑盒用例设计方法中使用较多。

2. 划分等价类

等价划分中的若干子集称为等价类,因为在该子集中,选择的输入数据发现程序中的错误作用都是等效的。等价类又分为有效等价类和无效等价类。

有效等价类是指对于程序的需求说明而言合理的、有意义的输入数据所构成的集合;利用它可以检验程序是否实现了预期的功能和性能。无效等价类是指对于程序的需求说明而言不合理的、没有意义的输入数据所构成的集合;利用它可以检验程序是否实现了异常处理功能。

设计测试用例时,要同时考虑这两种等价类。因为软件不仅要能接收合理的数据,也要能经受意外的考验。这样的测试才能确保软件具有更高的可靠性。

3.3.2 划分等价类的方法规则

一般情况下,划分等价类的方法规则如下:

1)如果输入条件规定了数据的范围和取值个数,可以确定一个有效等价类和两个无效等价类。

例如:$100<X<999$,有效等价类为(100,999),无效等价类为≤ 100和≥ 999。

2)如果输入条件规定了一个必须成立的情况(如输入数据必须是某个日期),可以划分为一个有效等价类(输入某个日期格式字符串)和一个无效等价类(输入非日期格式字符串)。

3)如果输入条件是一个布尔量,则可以确立一个有效等价类和一个无效等价类。

4)在确知已划分的等价类中各元素在程序处理中的方式不同的情况下,则应再将该等价类进一步划分为更小的等价类。

5)如果规定了输入数据必须遵循的规则,可确定一个有效等价类(符合规则)和若干个无效等价类(从不同角度违反规则)。

3.3.3 等价类划分法的测试用例设计步骤

等价类测试用例设计的步骤有以下几步:

1)建立等价类表,列出所有划分出的等价类,见表3-1。

表3-1 等价类表

输入条件	有效等价类	无效等价类
…	…	…
…	…	…

2)为每个等价类规定一个唯一的编号。

3)设计一个新的测试用例,使其尽可能多地覆盖尚未覆盖的有效等价类。重复这一步,最后使得所有有效等价类均被测试用例所覆盖。

4)设计一个新的测试用例,使其只覆盖一个无效等价类。重复这一步,使得所有无效等价类均被覆盖。

【例3-1】 三角形问题的等价测试用例。

某程序规定:"输入三个整数 a、b、c 分别作为三边的边长构成三角形"。用等价类划分方法为该程序进行测试用例设计。

解:分析题目中给出和隐含的对输入条件的要求:①整数;②三个数;③非零数;④正数;⑤两边之和大于第三边;⑥等腰;⑦等边。

如果 a、b、c 满足条件①~④,则输出下列4种情况之一:

1)如果不满足条件⑤,则程序输出为"非三角形"。

2)如果三条边相等即满足条件⑦,则程序输出为"等边三角形"。

3)如果只有两条边相等即满足条件⑥,则程序输出为"等腰三角形"。

4)如果三条边都不相等,则程序输出为"一般三角形"。

第1步:列出等价类表并编号,如表3-2所示。

表 3-2　三角形问题的等价类表

输入条件		有效等价类	号码	无效等价类		号码
输入条件	输入3个整数	整数	1	一边为非整数	a 为非整数	12
					b 为非整数	13
					c 为非整数	14
				两边为非整数	a、b 为非整数	15
					a、c 为非整数	16
					b、c 为非整数	17
				3 边为非整数（a，b，c 均为非整数）		18
		3 个数	2	只给一边	只给 a	19
					只给 b	20
					只给 c	21
				只给两边	只给 a、b	22
					只给 b、c	23
					只给 a、c	24
				给出 3 个以上		25
		非零数	3	一边为零	a 为零	26
					b 为零	27
					c 为零	28
				两边为零	a、b 为零	29
					b、c 为零	30
					a、c 为零	31
				三边均为零		32
		正数	4	一边＜0	$a<0$	33
					$b<0$	34
					$c<0$	35
				两边＜0	a、$b<0$	36
					b、$c<0$	37
					a、$c<0$	38
				三边均＜0		39

续表

输出条件	构成一般三角形	$a+b>c$	5	$a+b<0$	40
				$a+b=0$	41
		$b+c>a$	6	$b+c<a$	42
				$b+c=a$	43
		$a+c>b$	7	$a+c<b$	44
				$a+c=b$	45
	构成等腰三角形	$a=b$	8		
		$b=c$	9		
		$a=c$ 且两边之和大于第三边	10		
		$a=b=c$	11		

第 2 步:覆盖有效等价类的测试用例,如表 3-3 所示。

表 3-3 有效等价类表

a	b	c	覆盖等价类号码
3	4	5	1~7
4	4	5	1~7,8
4	5	5	1~7,9
5	4	5	1~7,10
4	4	4	1~7,11

第 3 步:覆盖无效等价类的测试用例,如表 3-4 所示。

表 3-4　无效等价类表

a	*b*	*c*	覆盖等价类号码		*a*	*b*	*c*	覆盖等价类号码	
2.3	4	5	12	非整数	0	0	5	29	边为0
3	4.5	5	13		3	0	0	30	
3	4	5.5	14		0	4	0	31	
3.5	4.5	5	15		0	0	0	32	
3	4.5	5.5	16		-3	4	5	33	边为负数
3.5	4	5.5	17		3	-4	5	34	
3.5	4.5	5.5	18		3	4	-5	35	
3			19	非3个数	-3	-4	5	36	
	4		20		3	4	-5	37	
		5	21		3	-4	-5	38	
3	4		22		-3	-4	-5	39	
	4	5	23		3	1	5	40	两边之和小于第三边
3		5	24		3	2	5	41	
3	4	5，6	25		3	1	1	42	
0	4	5	26	非边为0	3	2	1	43	
3	0	5	27		1	4	2	44	
3	4	0	28		3	4	1	45	

3.4　边界值测试

边界值分析是在软件需求分析中找出边界值，以便设计测试用例。边界值分析不是从某等价类中随便挑一个作为代表，而是使这个等价类的每个边界都要作为测试条件。它的基本思想是：选取正好等于、刚刚大于或刚刚小于边界的值作为测试数据，而不是选取等价类中的典型值或任意值作为测试数据。

3.4.1　边界值测试用例的设计方法

1)如果输入条件规定了值的范围($a \leqslant x \leqslant b$)，则应该取刚达到这个范围的边界值以及刚刚超过这个范围边界的值作为测试用例，如图 3-4 所示。

例如：找出年龄在 15～25 岁的男生，边界值是：15、25。

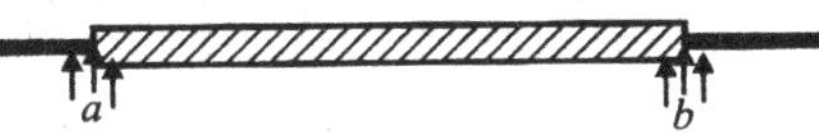

图 3-4　范围的边界值

2)如果输入条件规定了值的个数,则用最大个数、最小个数,那么选取最大个数、最小个数、比最大个数多 1 个、比最小个数少 1 个的数作为测试用例。图 3-5 中 a 为最小个数,b 为最大个数。

例如:选取班里数学成绩在前 5 名的学生。那么:4、5、6 就是边界值。

图 3-5　最大个数和最小个数

3)如果程序说明书给的输入域或输出域是有序集合(如有序表、顺序文件等),则应该选取集合的第一个和最后一个元素作为测试用例。

例如:对有序表——2010 级学生计算机应用班的考试成绩表设计测试用例。

4)对于数据方面的测试,要进行零测试,给出 0 值进行测试。

5)绝对值 x 的测试。

例如:对输入变量 x 的绝对值设计测试用例,见表 3-5。

表 3-5　绝对值测试用例

序号	输入(x)	预期输出	执行结果	说　明
1	−10	10		等价类:$x<0$
2	100	100		等价类:$x\geqslant 0$
3	0	0		等价类($x<0$,$x\geqslant 0$)边界值
4	−1	1		小于(等价类 $x<0$,$x\geqslant 0$)范围的值
5	1	1		大于(等价类 $x<0$,$x\geqslant 0$)范围的值

6)对于“字符”“数值”“空间”测试用例设计见表 3-6。

表 3-6 “字符”“数值”等测试用例

项	边界值	测试用例的设计思路
字符	起始−1 个字符；结束+1 个字符	假设允许输入 1 个到 255 个字符，输入 1 个和 255 个字符作为有效等价类；输入 0 个和 256 个字符作为无效等价类
数值	最小值−1；最大值+1	假设输入域要求输入 5 位的数据值，则 10 000 作为最小值、99 999 作为最大值；输入 9 999 和 100 000 作为无效等价类
空间	小于空余空间一点；大于满空间一点	例如，在用 U 盘存储数据时，使用比剩余磁盘空间大一点(几 KB)的文件作为边界条件

7)内部边界值分析。如果程序中使用了一个内部数据结构，则应当选择这个内部数据结构的边界上的值作为测试用例。

3.4.2 边界值测试的基本思想

(1)基本边界值测试。故障往往出现在输入变量的边界值附近。利用输入变量的 5 个边界值：

>最小值(min)：

>略大于最小值(min+)：

>输入值域内的任意值(nom)；

>略小于最大值(max−)；

>最大值(max)。来设计测试用例。

推论：对于有 n 个变量的函数用边界值分析需要 $4n+1$ 个测试用例，如图 3-6 所示。

边界值分析法是基于可靠性理论中称为“单故障”的假设，即有两个或两个以上故障同时出现而导致软件失效的情况很少，也就是说，软件失效基本上是由单故障引起的。

因此，在边界值分析法中获取测试用例的方法是：

1)每次保留程序中的一个变量，让其余的变量取正常值，被保留的变量依次取 min、min+、nom、max-和 max。

2)对程序中的每个变量重复 1)。

(2)健壮性边界值测试。健壮性测试是作为边界值分析的一个简单的扩充,它除了对变量的 5 个边界值分析取值外,还需要增加一个略大于最大值(max+)以及略小于最小值(min-)的取值,检查超过极限值时系统的情况。

因此,对于有 n 个变量的函数采用健壮性测试需要 $6n+1$ 个测试用例,如图 3-7 所示。

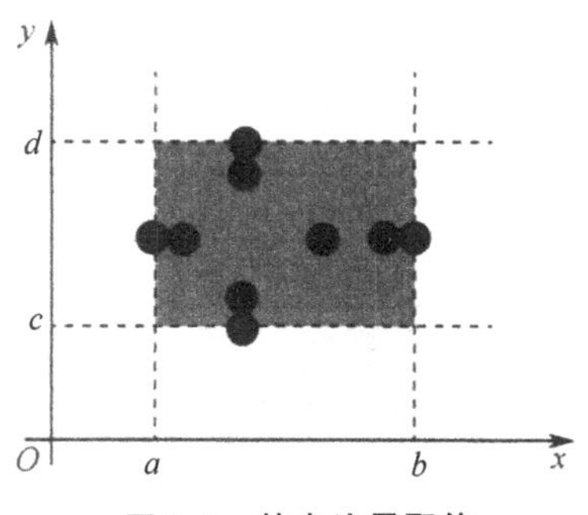

图 3-6　基本边界取值

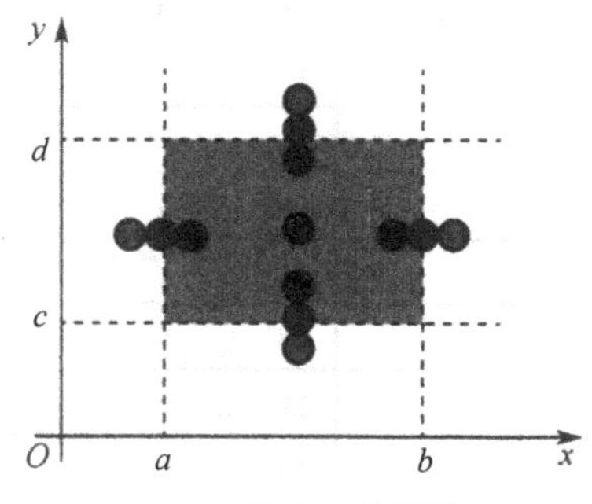

图 3-7　健壮边界取值

(3)最坏情况边界值。最坏情况的测试思想是:

1)首先对 5 个基本边界值元素取值,进行测试。

2)其次对 5 个边界值元素的集合的笛卡儿积进行计算,生成测试用例。

对于最坏情况的测试,如果变量的个数为 n 的函数,会产生 5^n 个测试用例。例如,对于有两个变量 $X1$、$X2$ 的函数,$X1$、$X2$ 边界为 $a \leqslant X1 \leqslant b$;$c \leqslant X2 \leqslant d$;其中 $[a,b]$ 是 $X1$ 的取值范围,

$[c,d]$是 $X2$ 的取值范围，如图 3-8 所示。则

$X1$ 的取值：$X1$min，$X1$min＋，$X1$nom，$X1$max－，$X1$max。

$X2$ 的取值：$X2$min，$X2$min＋，$X2$nom，$X2$max－，$X2$max。

什么是笛卡儿乘积呢？

例如：对于 2 个有序对$(a1,a2)$，$(b1,b2)$，则有

$(a1,a2) * (b1,b2)$笛卡儿乘积＝{$(a1,b1)$，$(a1,b2)$，$(a2,b1)$，$(a2,b2)$；}

对 5 个边界值元素的集合的笛卡儿积，则产生如图 3-9 所示的 25 个测试用例。

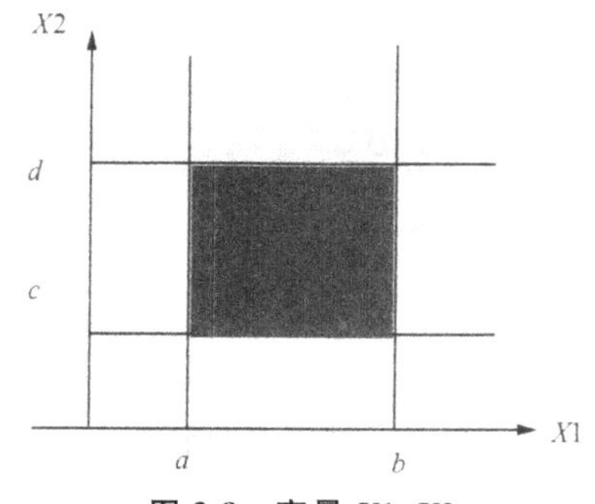

图 3-8　变量 X1、X2

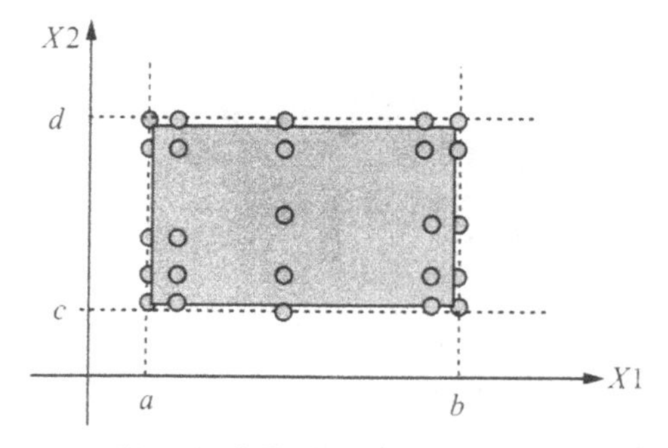

图 3-9　变量 X1、X2 的测试用例

【例 3-2】计算长方体的体积，设计测试用例。

描述：某程序要求输入 3 个整数 x、y、z，分别作为长方体的长、宽、高，x、y、z 的取值范围在 2～20 之间，请用健壮边界值方法设计测试用例，计算长方体的体积。

根据健壮边界值 $6n+1$ 个测试用例，$6\times3+1=19$ 个，如表 3-7 所示。

表3-7　三个整数健壮边界值表

测试用例	A	B	C	预期结果
TC1	1	10	10	x值超出范围
TC2	2	10	10	200
TC3	3	10	10	300
TC4	10	10	10	1000
TC5	19	10	10	1900
TC6	20	10	10	2000
TC7	21	10	10	x值超出范围
TC8	10	1	10	y值超出范围
TC9	10	2	10	200
TC10	10	3	10	300
TC11	10	19	10	1900
TC12	10	20	10	2000
TC13	10	21	10	y值超出范围
TC14	10	10	1	z值超出范围
TC15	10	10	2	200
TC16	10	10	3	300
TC17	10	10	19	1900
TC18	10	10	20	2000
TC19	10	10	21	z值超出范围

3.5　决策表法

在一些数据处理问题中，某些操作是否实施依赖于多个逻辑条件的取值，即在这些逻辑条件取值的组合所构成的多种情况下，分别执行不同的操作。处理这类问题的一个非常有力的分析和表达工具是决策表。决策表可以把复杂的逻辑关系和多种条件组合的情况表达得既明确又得体，因而给编写者、检查者和读者均带来很大方便。

决策表由因果图产生，决策表的每一列都清楚地表明各输入条件及其取值的依赖关系，以及由这些输入组合得到的相应预期输出结果。决策表定义了逻辑测试用例，为了执行这些测试用例，必须输入具体的数据值并且标识前置条件和后置条件。

3.5.1 决策表组成

决策表组成图如图 3-10 所示。

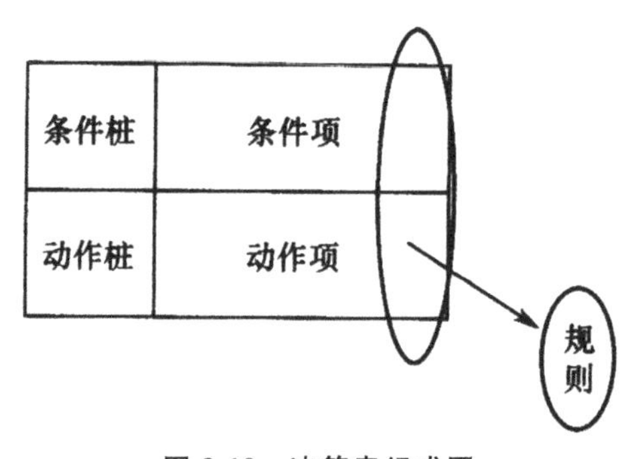

图 3-10 决策表组成图

决策表由条件桩、动作桩、条件项、动作项四部分组成。在决策表中贯穿条件项和动作项的一列就是一条规则，如图 3-10 所示。

1）条件桩（Condition Stub）：列出了问题的所有条件。通常认为列出的条件的次序无关紧要。

2）动作桩（Action Stub）：列出了问题规定可能采取的操作。对这些操作的排列顺序没有约束。

3）条件项（Condition Entry）：列出针对它左列条件的取值在所有条件组合下的取值情况。

4）动作项（Action Entry）：列出在条件项的各种取值情况下应该采取的动作。

图 3-11 所示为“阅读指南”决策表。

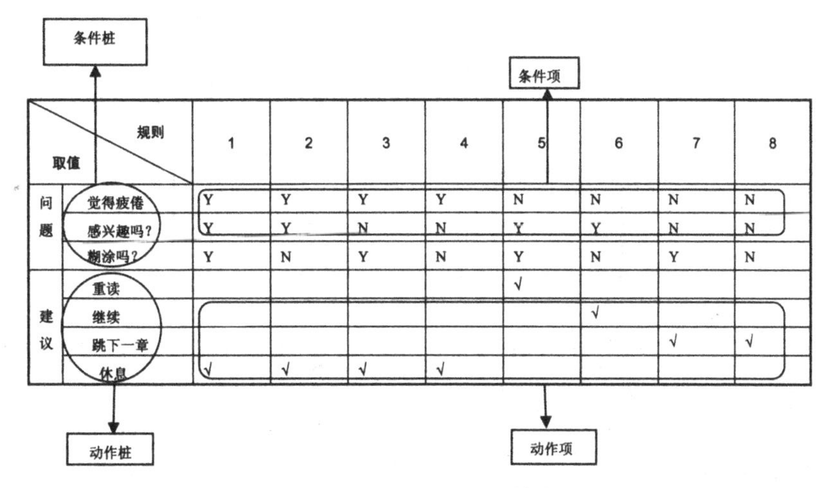

取值 \ 规则		1	2	3	4	5	6	7	8
问题	觉得疲倦	Y	Y	Y	Y	N	N	N	N
	感兴趣吗?	Y	Y	N	N	Y	Y	N	N
	糊涂吗?	Y	N	Y	N	Y	N	Y	N
建议	重读					√			
	继续						√		
	跳下一章							√	√
	休息	√	√	√	√				

图 3-11　“阅读指南”决策表

3.5.2　决策规则及规则合并

1.规则与规则合并

(1)规则。任何一个条件组合的特定取值及其相应要执行的操作称为规则。在决策表中贯穿条件项和动作项的一列就是一条规则。显然,决策表中列出多少组条件取值,也就有多少条规则,即条件项和动作项有多少列。

(2)合并。合并就是规则合并有两条或多条规则具有相同的动作,并且其条件项之间存在着极为相似的关系。规则合并需满足下面两个条件:

1)两条或多条规则的动作项相同。

2)条件项只有一项不同,如图 3-12 所示。

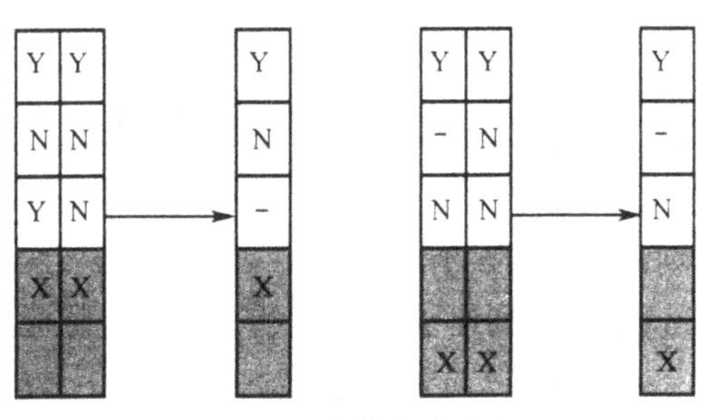

图 3-12　决策表合并图

合并后的条件项用符号“—”表示，说明执行的动作与该条件的取值无关，称为无关条件。

2. 规则合并举例

1)如图 3-13 所示，先找两规则动作项相同的，再找条件项只有一项不同，在 1、2 条件项分别取 Y、N 时，无论条件 3 取何值，都执行同一操作，即要执行的动作与条件 3 无关。于是，可合并。

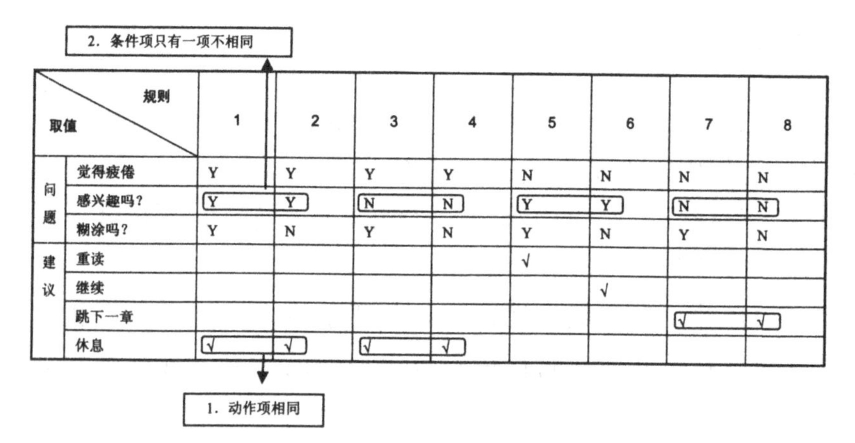

	取值＼规则	1	2	3	4	5	6	7	8
问题	觉得疲倦	Y	Y	Y	Y	N	N	N	N
	感兴趣吗?	Y	Y	N	N	Y	Y	N	N
	糊涂吗?	Y	N	Y	N	Y	N	Y	N
建议	重读					√			
	继续						√		
	跳下一章							√	√
	休息	√	√	√	√				

图 3-13　规则合并

2)合并后如图 3-14 所示。

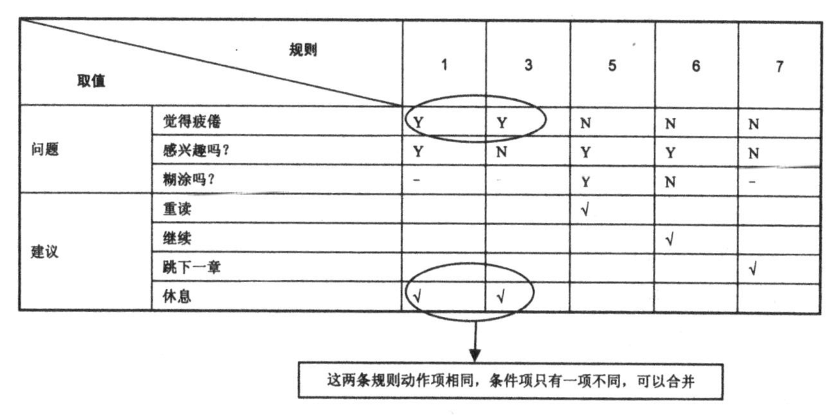

取值 \ 规则		1	3	5	6	7
问题	觉得疲倦	Y	Y	N	N	N
	感兴趣吗?	Y	N	Y	Y	N
	糊涂吗?	-	-	Y	N	-
建议	重读			√		
	继续				√	
	跳下一章					√
	休息	√	√			

这两条规则动作项相同，条件项只有一项不同，可以合并

图 3-14 合并化简

3)再次化简后的读书指南决策表如表 3-8 所示。

表 3-8 阅读指南决策表合并化简表

取值 \ 规则		1	5	6	7
问题	觉得疲倦	Y	N	N	N
	感兴趣吗?	—	Y	Y	N
	糊涂吗?	—	Y	N	—
建议	重读		√		
	继续			√	
	跳下一章				√
	休息	√			

【例 3-3】四边形类型判断系统。a、b、c、d 是四边形的 4 条边，通过平行关系与是否相等来判断四边形的类型，四边形如图 3-15 所示。

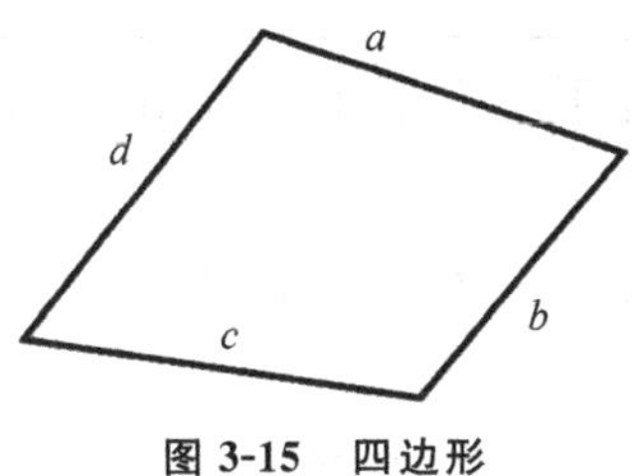

图 3-15 四边形

a、b、c、d 为四边形的 4 条边，可以获得以下条件：

C1：$a // c$（C1＝T 表示 a 平行于 c；C1＝F 表示 a 不平行于 c）。

C2：$b // d$（C2＝T 表示 b 平行于 d；C2＝F 表示 b 不平行于 d）。

C3：$a=b$？ a 的长度与 b 是否相等？

C4：$b=d$？ b 的长度与 d 是否相等？

四边形类型有：

A1：平行四边形。

A2：非等腰梯形。

A3：等腰梯形。

A4：普通四边形。

A5：不存在。

根据以上描述，做出决策表（由于条件有 4 个，所以一共有 $2^4=16$个组合），见表 3-9。

表 3-9　四边形类型判断系统决策表设计（调整前）

条件	1	2	3	4	5	6	7	8	9	10	11	12	13	14	15	16
C1	F	F	F	F	F	F	F	F	T	T	T	T	T	T	T	T
C2	F	F	F	F	T	T	T	T	F	F	F	F	T	T	T	T
C3	F	F	T	T	F	F	T	T	F	F	T	T	F	F	T	T
C4	F	T	F	T	T	T	F	T	F	T	F	T	F	T	F	T
动作																
A1																√
A2					√				√							
A3							√			√						
A4	√	√	√													
A5				√		√		√			√	√	√	√	√	

第 1 列：a 不平行于 c，b 不平行于 d，a 不等于 c，b 不等于 d，判定为普通四边形。

第 2 列：a 不平行于 c，b 不平行于 d，a 不等于 c，b 等于 d，判定为普通四边形。

第 3 列：a 不平行于 c，b 不平行于 d，a 等于 c，b 不等于 d，判

定为普通四边形。

第 4 列：*a* 不平行于 *c*，*b* 不平行于 *d*，*a* 等于 *c*，*b* 等于 *d*，判定这种四边形不存在。

第 5 列：*a* 不平行于 *c*，*b* 平行于 *d*，*a* 不等于 *c*，*b* 等于 *d*，判定这种四边形为非等腰梯形。

以此类推，可以得到共 16 列结果。

根据表 3-9，下面来做一些简化。

根据列 1 和 2，只要 C1＝F、C2＝F、C3＝F，就可以判断为 A4。

根据列 6 和 8，只要 C1＝F、C2＝T、C4＝T，就可以判断为 A5。

根据列 4 和 12，只要 C2＝F、C3＝T、C4＝T，就可以判断为 A5。

根据列 11 和 15，只要 C1＝T、C3＝T、C4＝F，就可以判断为 A5。

根据列 13 和 14，只要 CI＝T、C2＝T、C3＝F，就可以判断为 A5。

经过简化后，得到表 3-10。

表 3-10　四边形类型判断系统决策表设计(调整后)

条件	1	2	3	4	5	6	7	8	9	10	11	12
C1	F	F	—	F	F	F	T	T	T	T	T	T
C2	F	F	F	T	T	T	F	F	F	—	T	T
C3	F	T	T	F	—	T	F	F	T	F	T	T
C4	—	F	T	F	T	F	F	T	F	—	F	T
动作												
A1												√
A2				√			√					
A3						√		√				
A4	√	√										
A5			√		√					√	√	√

这样，16 个测试用例就被简化成 12 个，于是测试用例可以设

计成表 3-11。

表 3-11 四边形类型测试用例

编号	a 的长度	b 的长度	c 的长度	d 的长度	$a//c$	$b//d$	结果
1	2	3	1	4	F	F	普通四边形
2	2	3	2	4	F	F	普通四边形
3	2	2	2	2	F	F	不存在
4	2	3	4	5	F	T	非等腰梯形
5	2	3	3	3	F	T	不存在
6	3	2	3	4	F	T	等腰梯形
7	2	3	4	5	T	F	非等腰梯形
8	2	4	3	4	T	F	等腰梯形
9	4	3	4	5	T	F	不存在
10	2	3	4	5	T	T	不存在
11	2	3	2	4	T	T	不存在
12	2	3	2	3	T	T	平行四边形

3.6 因果图法

3.6.1 因果图法的概述

因果图是一种形式语言，相当于一种数字电路，一个组合的逻辑网络，但没有使用标准的电子学符号，而是使用了简化的符号。因果图法是一种可以辅助测试人员明确测试对象，确定测试依据的有力手段，很好地弥补了等价类划分和边界值分析中未对输入条件的组合进行分析的缺点。因果图的基本符号如图 3-16 所示，使用 C 或者 c 表示原因，E 或者 e 表示结果，各连接点表示状态，取值"0"表示状态不出现，取值"1"表示状态出现。

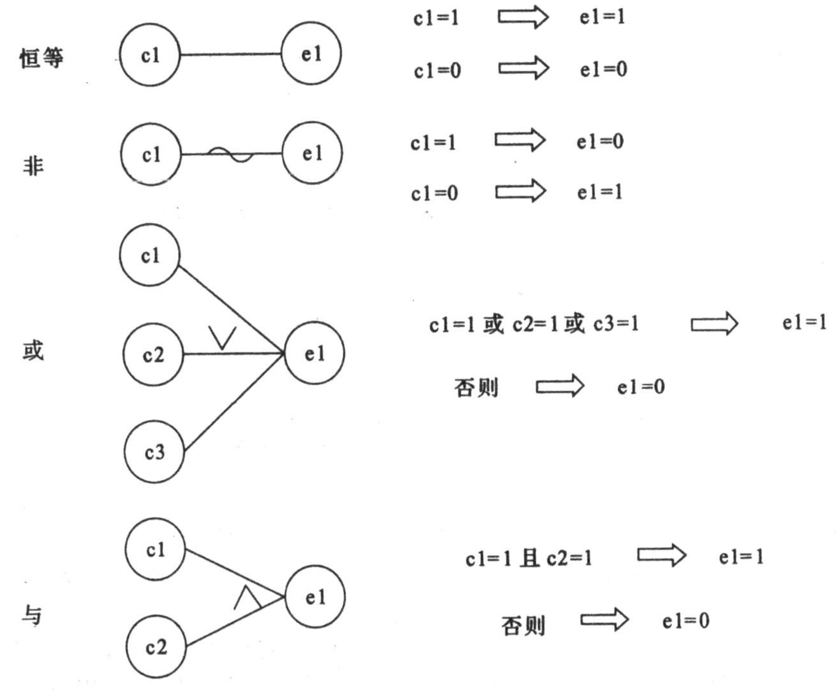

图 3-16　因果图基本符号

因果图中包含 4 种关系：

1）恒等：若 c1 是 1，则 e1 也是 1；若 c1 是 0，则 e1 为 0。

2）非：若 c1 是 1，则 e1 是 0；若 c1 是 0，则 e1 是 1。

3）或：若 c1 或 c2 或 c3 是 1，则 e1 是 1；若 c1、c2 和 c3 都是 0，则 e1 为 0。"或"可有任意多个输入。

4）与：若 c1 和 c2 都是 1，则 e1 为 1；否则 e1 为 0。"与"也可有任意多个输入。

注意在因果图中，当存在 3 个或 3 个以上的原因时，要加上一条弧，将所有原因串起来。

除了因果关系外，各输入状态及各输出状态之间还可能存在某些依赖关系，称为约束。例如，某些输入状态不可能同时出现，某些输出状态之间也往往存在着依赖关系。在因果图中，用特定的符号标明这些约束，如图 3-17 所示。

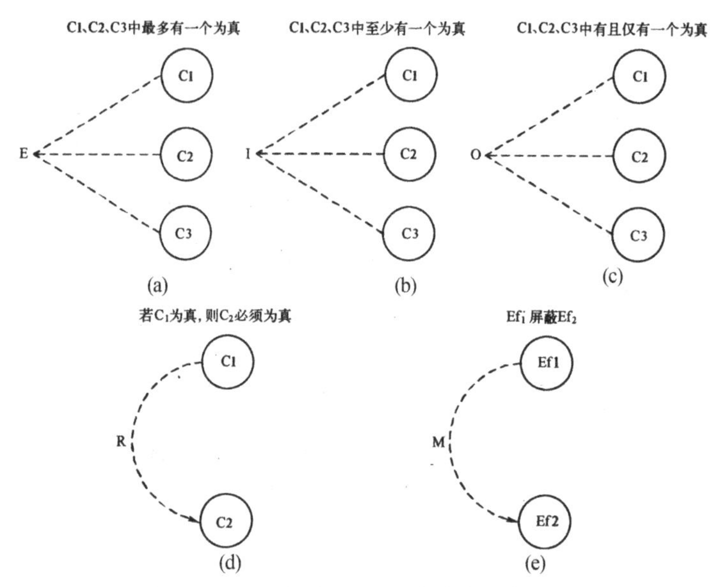

图 3-17　原因及结果之间的基本约束关系

(a)E 约束；(b)I 约束；(c)O 约束；(d)R 约束；(e)M 约束

其中：

1)E(Exclusive)约束：要求各个原因中至多有 1 个可能为 T。

2)I(Inclusive)约束：要求各个原因中至少有 1 个必须是 T。

3)O(One and only)约束：要求各个原因中必须有 1 个，且仅有 1 个为 T。

4)R(Require)约束：原因 C1 是 T 时，C2 必须是 T，不可能 C1 是 T 而 C2 是 F。

5)M(Mask)约束：一般只用于结果之间，表示 Ef1 是 T 时，Ef2 必须是 F。

表 3-12 列出了 E、I、O、R、M 约束下原因(或结果)的取值情况。其中，约束 R 和 M 仅用于描述二元约束关系，其余的约束均是二元或二元以上的关系。

表 3-12　E、I、O、R、M 约束下原因(或结果)的取值情况

约束关系	关系的维数	可能的取值		
		C1/Ef1	C2/Ef2	C3
E(C1,C2,C3)	$n \geq 2$	F	F	F
		T	F	F
		F	T	F
		F	F	T
I(C1,C2,C3)	$n \geq 2$	T	F	F
		F	T	F
		F	F	T
		T	T	F
		T	F	T
		F	T	T
		T	T	T
O(C1,C2,C3)	$n \geq 2$	T	F	F
		F	T	F
		F	F	T
R(C1,C2)	$n=2$	T	T	—
		F	F	—
		F	T	—
M(Ef1,Ef2)	$n=2$	T	F	—
		F	T	—
		F	F	—

3.6.2　因果图法生成测试用例

1. 因果图生成测试用例的步骤

因果图法最终要生成决策表。

利用因果图法生成测试用例需要以下几个步骤：

1)分析软件规格说明书中的原因——输入，结果——输出条件，并给每一个原因和结果赋予一个标识符。

2)分析规格说明，找出原因与结果之间，原因与原因之间对应的关系或约束，画出因果图。

3)将因果图转换成决策表。

4)将决策表的每一列作为依据，设计测试用例。

上述步骤如图 3-18 所示。

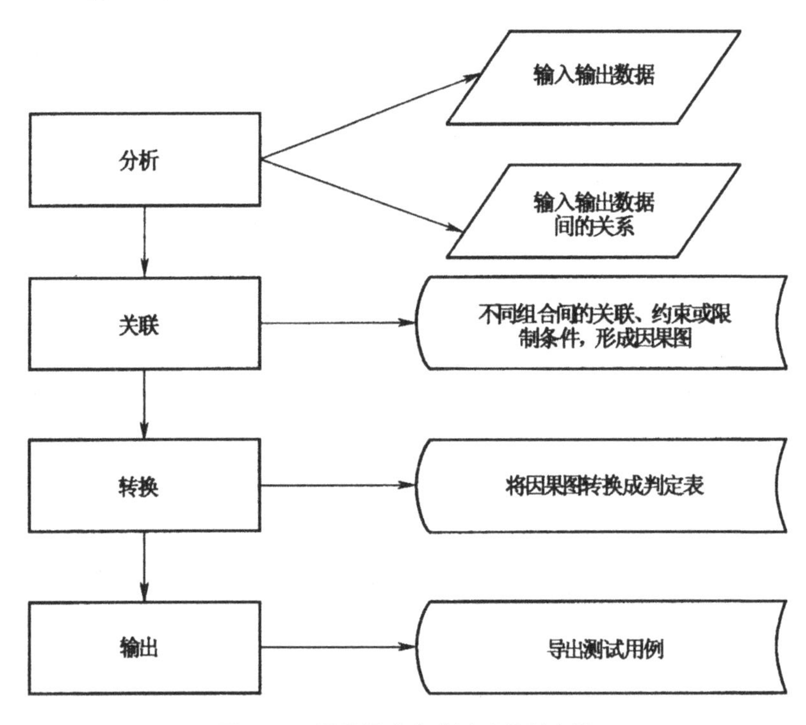

图 3-18　因果图法生成测试用例步骤

2. 因果图法测试用例

某软件规格说明中包含这样的要求：输入的第一个字符必须是 A 或 B，第二个字符必须是一个数字，在此情况下进行文件的修改；但如果第一个字符不正确，则给出信息 L；如果第二个字符不是数字，则给出信息 M。

解法如下：

1)分析程序的规格说明,列出原因和结果。

原因:C1——第一个字符是A;

C2——第一个字符是B;

C3——第二个字符是一个数字。

结果:e1——给出信息L;

e2——修改文件;

e3——给出信息M。

2)将原因和结果之间的因果关系用逻辑符号连接起来,得到因果图,如图3-19所示。编号为11的中间节点是导出结果的进一步原因。

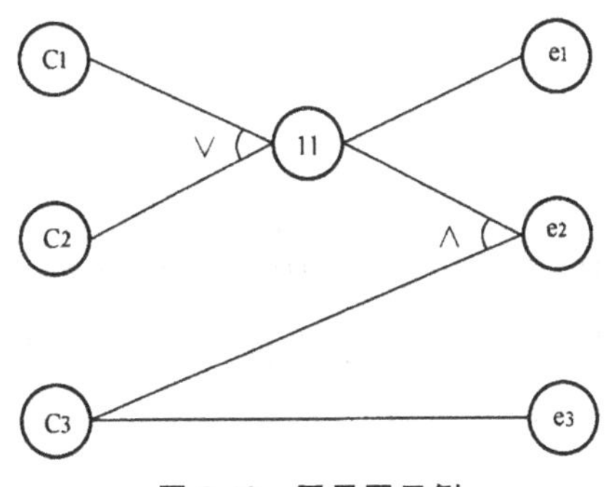

图3-19 因果图示例

因为C1和C2不可能同时为1,即第一个字符不可能既是A又是B,在因果图上可对其施加E约束,得到具有约束的因果图,如图3-20所示。

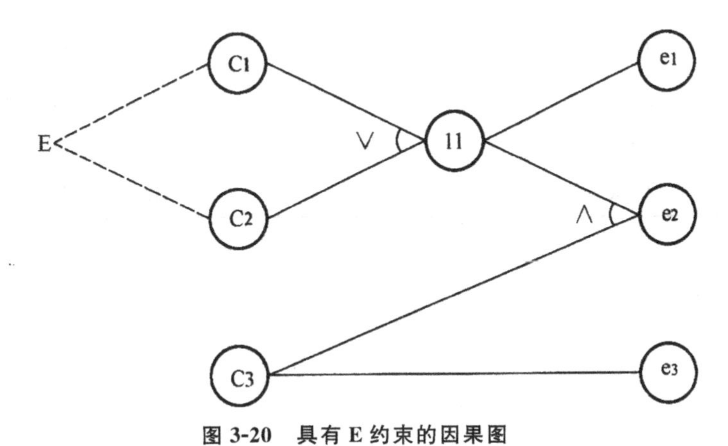

图3-20 具有E约束的因果图

3)将因果图转换成决策表,如表3-13所示。

表3-13 决策表

选项 规则		1	2	3	4	5	6	7	8
条件	C1	1	1	1	1	0	0	0	0
	C2	1	1	0	0	1	1	0	0
	C3	1	0	1	0	1	0	1	0
	11			1	1	1	1	0	0
动作	e1			0	0	0	0	1	1
	e2			1	0	1	0	0	0
	e3			0	1	0	1	0	1
	不可能	1	1						
测试用例				A5	A#	B9	B?	X2	Y%

4)设计测试用例。表3-13中的前两种情况,因为C1和C2不可能同时为1,所以应排除这两种情况。根据此表可以设计出6个测试用例,如表3-14所示。

表3-14 测试用例

编号	输入数据	预期输出
Test Case 1	A5	修改文件
Test Case 2	A#	给出信息M
Test Case 3	B9	修改文件
Test Case 4	B?	给出信息M
Test Case 5	X2	给出信息L
Test Case 6	Y%	给出信息L和信息M

3.7 场景法

3.7.1 场景定义

现代软件开发的过程中流程基本由事件触发控制,一旦事件触发并可形成一定的场景,而同一事件不同的触发顺序和处理结果就形成事件流。这种属于软件设计的思想也可融入到软件测试中,能够形象地描绘出事件触发时的情景,使得测试更容易理解和执行。

场景法一般包含基本流和备用流,从一个流程开始,通过描述经过的路径来确定软件测试过程,经过遍历所有的基本流和备用流来完成整个场景。基本流用黑直线表示,是经过用例最简单的用例路径;备用流用曲线表示,备用流的选择不止一种,既可以备用流→基本流,也可以备用流→备用流,还可以备用流→结束用例,如图 3-21 所示的场景图。

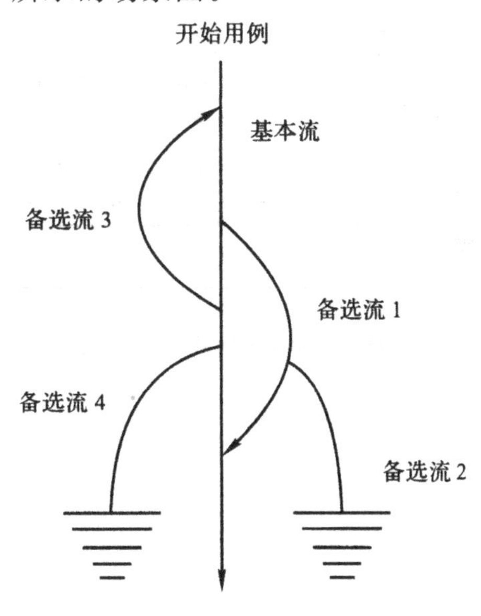

图 3-21 场景图

可以确定以下用例场景：

场景 1:基本流；

场景 2:基本流,备选流 1；

场景 3:基本流,备选流 1,备选流 2；

场景 4:基本流,备选流 3；

场景 5:基本流,备选流 3,备选流 1；

场景 6:基本流,备选流 3,备选流 1,备选流 2；

场景 7:基本流,备选流 4；

场景 8:基本流,备选流 3,备选流 4。

3.7.2 场景测试步骤

使用场景法设计测试用例的基本设计步骤如图 3-22 所示。

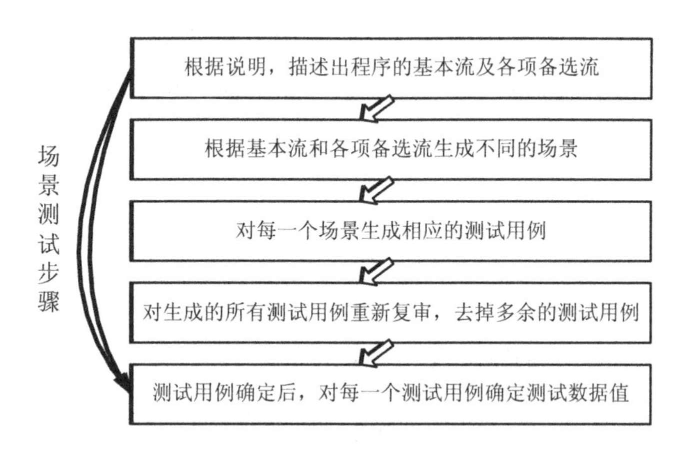

图 3-22 场景法设计测试用例的基本设计步骤

3.8　其他黑盒测试方法

3.8.1　分类树方法

1. 概述

在等价类划分方法中可以看到,在某些时候等价类划分可能比较复杂,划分结果容易违反等价类划分的原则。在组合测试设计方法中也可以注意到,测试条件之间存在约束是很常见的情况,有时候某些测试条件不能组合在一起进行测试,而有些时候又希望某些测试条件组合在一起做更为细致的测试。

分类树(Classification Tree)方法是解决上述两个问题的一个有效途径。对于较复杂的等价类划分,它提供了一种直观的方式,使得划分不易遗漏或重复;对于受约束限制的测试条件组合,或对某些测试条件进行重点测试,也提供了一种直观的测试设计手段。

2. 导出测试条件

分类树方法中,导出测试条件类似于等价类划分方法和组合测试设计方法,此处不再赘述。但分类树方法中,采用树状结构图形化地表示划分的层次,可以减轻导出测试条件的难度,减少出错的可能性。

从根结点开始,分类树首先识别测试对象的参数,然后视测试的严格性要求,将各参数逐层划分子类,最终得到一个树状结构。该树的叶子结点即为最终得到的分类,这些分类也就是最终得到的测试条件。

【例 3-4】被测程序为连锁酒店预订系统,通过界面选择城市、入住天数、房间类型和早餐类型,只有在全部选择后才能进入下一步。用分类树方法导出测试条件。以上各项分别有如下选项。

城市:北京,上海,重庆,南京,成都,广州。

入住天数:1 天,2～5 天,5 天以上。

房间类型:单人间,标准间,套房。

早餐类型:含早餐,无早餐。

解:对各属性进行划分后,得到的分类树如图 3-23 所示。

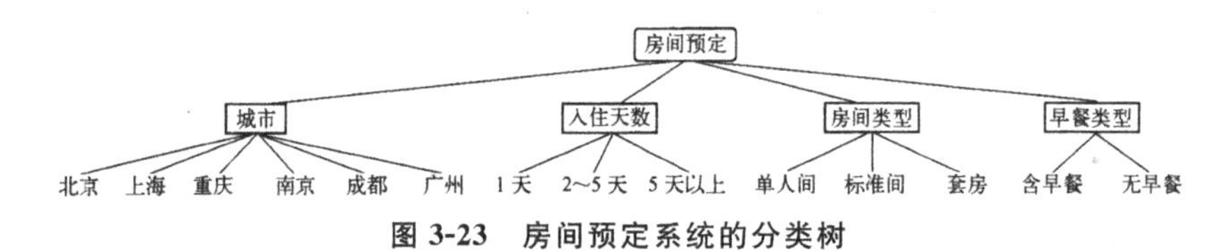

图 3-23　房间预定系统的分类树

测试条件为:

TCOND1:城市—北京;TCOND2:城市—上海;TCOND3:城市—南京;TCOND4:城市—成都;TCOND5:城市—广州;TCOND6:城市—重庆;TCOND7:入住天数—1 天;TCOND8:入住天数—2～5 天;TCOND9:入住天数—5 天以上;TCOND10:房间类型—单人间;TCOND11:房间类型—标准间;TCOND12:房间类型—套房;TCOND13:早餐类型—含早餐;STCOND14:早餐类型—无早餐。

3. 导出测试覆盖项

在分类树方法中,测试覆盖项由下述步骤得到:

1)选择一种组合方式,将各等价类进行组合。典型的组合方式如下:

①最小化方法。即采用最小数目的测试覆盖项覆盖所有的等价类至少 1 次。

②最大化方法。即各等价类的每一种可能的组合方式均至少被 1 个测试覆盖项所覆盖。

2)利用图形化的“组合表”(一般直接列在分类树之下)将各个组合表示出来,每一个组合(即每一行)所包含的测试条件用圆点表示。

【例 3-5】根据例 3-4 中得到的测试条件,用分类树方法导出测试覆盖项。

解：首先采用最小化方法，得到 6 个测试覆盖项，如图 3-24 所示。

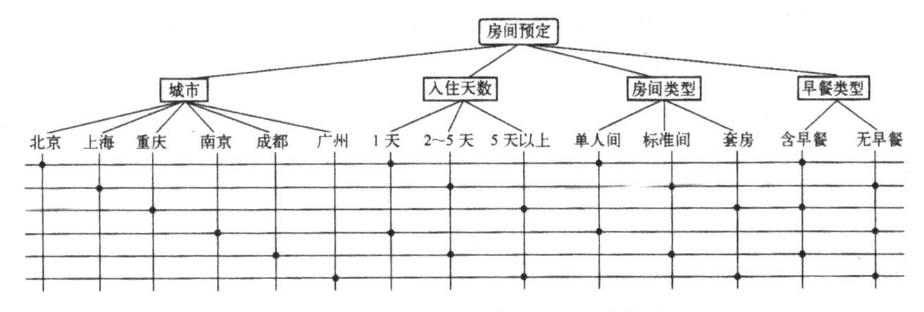

图 3-24　由最小化方法得到的测试覆盖项

具体为：

TCOVER1：城市—北京，入住天数—1 天，房间类型—单人间，早餐类型—含早餐；

TCOVER2：城市—上海，入住天数—2～5 天，房间类型—标准间，早餐类型—无早餐；

TCOVER3：城市—重庆，入住天数—5 天以上，房间类型—套房，早餐类型—含早餐；

TCOVER4：城市—南京，入住天数—1 天，房间类型—单人间，早餐类型—无早餐；

TCOVER5：城市—成都，入住天数—2～5 天，房间类型—标准间，早餐类型—含早餐；

TCOVER6：城市—广州，入住天数—5 天以上，房间类型—套房，早餐类型—无早餐。

其次，仅对“入住天数”和“房间类型”采用最大化方法，得到 9 个测试覆盖项，如图 3-25 所示。

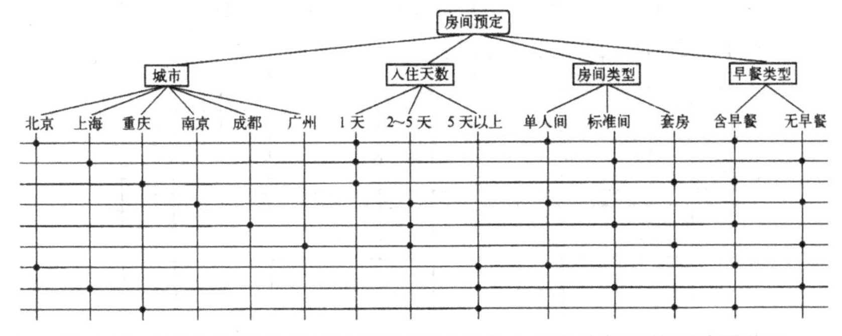

图 3-25　对“入住天数”和“房间类型”采用最大化方法得到的测试覆盖项

具体为：

TCOVER1：城市—北京，入住天数—1 天，房间类型—单人间，早餐类型—含早餐；

TCOVER2：城市—上海，入住天数—1 天，房间类型—标准间，早餐类型—无早餐；

TCOVER3：城市—重庆，入住天数—1 天，房间类型—套房，早餐类型—含早餐；

TCOVER4：城市—南京，入住天数—2～5 天，房间类型—单人间，早餐类型—无早餐；

TCOVER5：城市—成都，入住天数—2～5 天，房间类型—标准间，早餐类型—含早餐；

TCOVER6：城市—广州，入住天数—2～5 天，房间类型—套房，早餐类型—无早餐；

TCOVER7：城市—北京，入住天数—5 天以上，房间类型—单人间，早餐类型—含早餐；

TCOVER8：城市—上海，入住天数—5 天以上，房间类型—标准间，早餐类型—无早餐；

TCOVER9：城市—重庆，入住天数—5 天以上，房间类型—套房，早餐类型—含早餐。

第三，对“城市”、“入住天数”和“房间类型”采用成对覆盖方法，得到 18 个测试覆盖项，如图 3-26 所示。

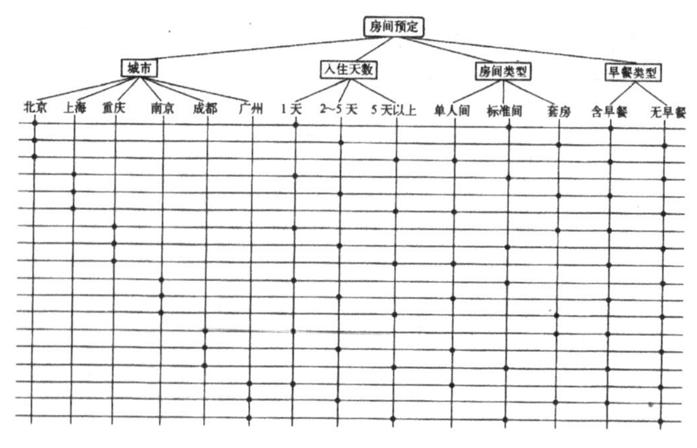

图 3-26 对“城市”、“入住天数”和“房间类型”采用成对覆盖方法得到的测试覆盖项

具体为:

TCOVE1:城市—北京,入住天数—1天,房间类型—标准间,早餐类型—含早餐;

TCOVER2:城市—北京,入住天数—2～5天,房间类型—套房,早餐类型—无早餐;

TCOVER3:城市—北京,入住天数—5天以上,房间类型—单人间,早餐类型—含早餐;

TCOVER4:城市—上海,入住天数—1天,房间类型—标准间,早餐类型—无早餐;

TCOVER5:城市—上海,入住天数—2～5天,房间类型—套房,早餐类型—含早餐;

TCOVER6:城市—上海,入住天数—5天以上,房间类型—单人间,早餐类型—无早餐;

TCOVER7:城市—重庆,入住天数—1天,房间类型—套房,早餐类型—含早餐;

TCOVER8:城市—重庆,入住天数—2～5天,房间类型—标准间,早餐类型—无早餐;

TCOVER9:城市—重庆,入住天数—5天以上,房间类型—单人间,早餐类型—含早餐;

TCOVER10:城市—南京,入住天数—1天,房间类型—标准间,早餐类型—无早餐;

TCOVER11:城市—南京,入住天数—2～5天,房间类型—单人间,早餐类型—含早餐;

TCOVER12:城市—南京,入住天数—5天以上,房间类型—套房,早餐类型—无早餐;

TCOVER13:城市—成都,入住天数—1天,房间类型—套房,早餐类型—含早餐;

TCOVER14:城市—成都,入住天数—2～5天,房间类型—单人间,早餐类型—无早餐;

TCOVER15:城市—成都,入住天数—5天以上,房间类型—

标准间,早餐类型—含早餐;

TCOVER16:城市—广州,入住天数—1 天,房间类型—单人间,早餐类型—无早餐;

TCOVER17:城市—广州,入住天数—2～5 天,房间类型—套房,早餐类型—含早餐;

TCOVER18:城市—广州,入住天数—5 天以上,房间类型—标准间,早餐类型—无早餐。

4. 导出测试用例

分类树法在导出测试用例时,在每个测试用例中都应至少执行一个测试覆盖项。具体有以下 4 个步骤:

1)选择一个或多个尚未被已有的测试用例所包含的测试覆盖项,使其包含在当前的测试用例中。

2)如果还有其他的输入需要赋值,则对其赋予一个值。

3)根据输入数据,确定测试用例执行后的预期输出结果。

4)重复步骤 1)～3),直到满足预设的测试覆盖率指标为止。

【例 3-6】根据例 3-5 中得到的测试覆盖项,用分类树方法导出测试用例。

解:根据例 3-4 中对此程序的描述,所有例 3-5 中得到的测试覆盖项的运行结果都应该是在界面上允许进入下一步。此处仅给出采用最小化方法得到的测试覆盖项所对应的测试用例,具体如表 3-15 所示。其他两种情况对应的测试用例请读者自行导出。

表 3-15　最小化方法得到的测试用例

测试用例编号	输入				覆盖的测试覆盖项	预期输出
	城市	入住天数	房间类型	早餐类型		
1	北京	1 天	单人间	含早餐	TCOVER1	允许进入下一步
2	上海	2～5 天	标准间	无早餐	TCOVER2	允许进入下一步

续表

测试用例编号	输入				覆盖的测试覆盖项	预期输出
	城市	入住天数	房间类型	早餐类型		
3	重庆	5 天以上	套房	含早餐	TCOVER3	允许进入下一步
4	南京	1 天	单人间	无早餐	TCOVER4	允许进入下一步
5	成都	2～5 天	标准间	含早餐	TCOVER5	允许进入下一步
6	广州	5 天以上	套房	无早餐	TCOVER6	允许进入下一步

3.8.2 状态转换测试方法

1. 概述

软件状态(Software State)是指软件当前所处的条件或者模式。在黑盒测试阶段,可以通过测试程序的各种状态及状态之间的转换,来验证程序的逻辑流程。这就是状态转换测试(State Transition Testing)方法。

状态转换测试方法的目的是得到覆盖测试对象的状态和状态转换的测试用例集合。为此,应首先依据测试基础对测试对象进行分析,建立有限状态自动机模型,以此描述软件的状态及其转换。

下面简要介绍有限状态自动机的基本内容。

有限状态自动机是具有离散输入和输出系统的一种数学模型。系统具有有限个状态,不同的状态代表不同的意义。按照实际需要,系统可以在不同的状态下完成规定的任务。通常,有限状态自动机表示为一个有向、有循环的图。其中:

1)一个节点表示一个状态。

2)一条边定义为状态的转移。

3)“→”(该边无起始节点)指向初始节点,对应开始状态/源状态;标记为“◎”的节点是终止节点,对应接收状态/吸收状态。

对于每条边(状态的转移)还应给出标记。标记的上半部分是引起转移的事件(Event),下半部分是与该转移关联的行动(Action)。其中,事件是必须给出的,即转移不能无原因地发生,但可以没有行动。事件是由某些特定的输入引起,行动则导致特定的输出。某个行动的输出对决定测试对象的当前状态是很重要的。

在软件测试中,通常将这种有限状态自动机模型称为状态转换图。图 3-27 给出了一个简单的状态转换图。

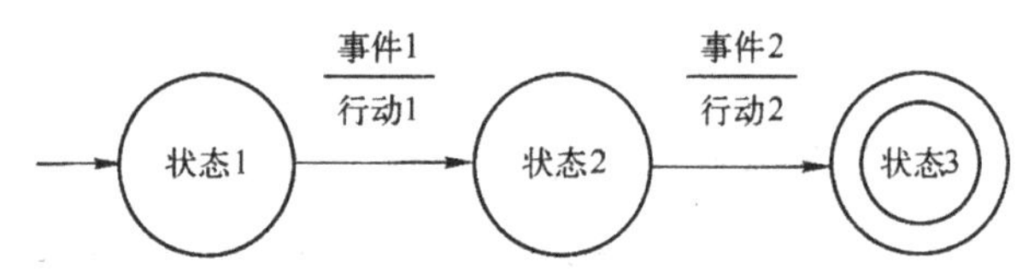

图 3-27 示例状态转换图

在图 3-27 中,状态 1 为源状态,状态 3 为吸收状态。在状态 1 下,系统因事件 1 引发行动 1,进入状态 2;在状态 2 下,系统因事件 2 引发行动 2,进入吸收状态 3,系统状态不再发生变化。

下面介绍状态转换测试方法的具体步骤。

2. 导出测试条件

在状态转换测试方法中,根据测试需求,测试条件可以是所建立的模型中的所有状态或所有状态的转换,也可将整个模型作为测试条件。

【例 3-7】某软件用以显示时间和日期,并根据用户的输入改变显示的模式。软件包括 4 种显示模式:显示时间、显示日期、修改时间和修改日期。在软件的界面上有 4 个选择按钮:模式切换(即在显示时间与显示日期之间切换)、重新设置、时间设置和日期设置。用户选择“重新设置”时,如果当前软件处于“显示时间”或“显示日期”模式,则显示模式相应地变为“修改时间”或“修改日期”模式;用户选择“时间设置”时,则显示模式从“修改时间”变为“显示时间”;用户选择“日期设置”时,则显示模式从“修改日期”变为“显示日期”。试根据上述规格说明用状态转换测试方法导出测试条件。

解:根据规格说明,可知软件有4个基本状态:显示时间(S1)、显示日期(S2)、修改时间(S3)和修改日期(S4)。由题设给出的规格说明中对状态转移的描述,可以得到如图3-28所示的状态转换图。则该状态转换图就是测试条件,记为TCOND1。

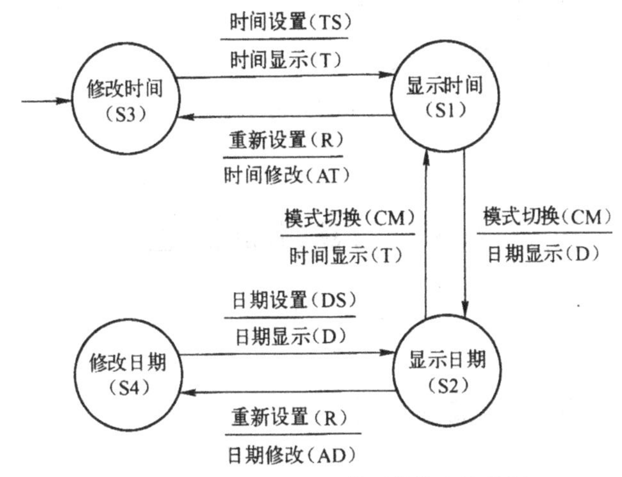

图3-28 根据规格说明得到的状态转换图

第4章　软件测试的核心技术:白盒测试技术

白盒测试是利用程序设计的内部逻辑和控制结构生成测试用例,进行软件测试。白盒测试中,测试人员对被测程序的内部结构和相关逻辑信息十分了解,可认为是将程序放在一个透明的盒子里,对程序的结构和路径进行测试。

4.1　白盒测试概述

4.1.1　白盒测试的定义

白盒测试(White-box Testing)也称结构测试、逻辑驱动测试或基于程序的测试。根据 GB/T 11457—2006《信息技术　软件工程术语》,结构测试(Structural Testing)是"侧重于系统或部件内部机制的测试。类型包括分支测试、路径测试、语句测试"。白盒测试是从程序设计者的角度进行的测试。

白盒测试的主要特点就是它主要针对被测程序的源代码,测试者可以完全不考虑程序的功能。白盒测试的过程如图 4-1 所示。

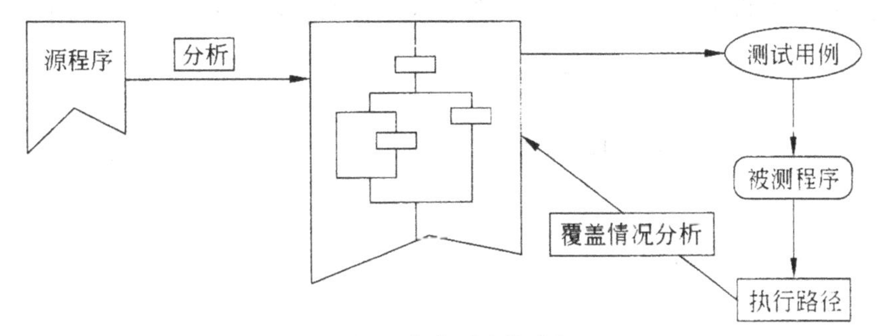

图 4-1　白盒测试的过程

读者可能会问,用户在使用软件的过程中关心的只是软件的功能,为什么在软件测试的过程中要花费时间和精力来做白盒测试呢?其中的一个原因就在于软件自身存在以下缺陷:

1)逻辑错误和不正确假设与一条程序路径被运行的可能性成反比。当主要功能、条件或控制完成后,常常会在后续的工作中开始出现错误,设计者通常能够很好了解常用功能,但当处理特殊情况时则容易出现问题,并且难以被发现。

2)很多读者经常认为某条逻辑路径不可能被执行,但程序的逻辑流有时是和直觉不一致的,也就是说关于控制流和数据流的一些无意识的假设可能导致设计错误,此时只有路径测试才能发现这些错误。

3)随机错误难以避免。把一个程序翻译为程序设计语言源代码后,有可能产生某些笔误,虽然语法检查机制能够发现很多错误。但是,还有一些错误只有在测试开始时才能发现。而错误在每个逻辑路径上出现的几率是一样的。

另外一个原因就在于功能测试本身的局限性。简单地说,如果程序实现了没有被描述的行为,功能测试是无法发现的(病毒就是这样一个例子),这将会给软件带来隐患,而白盒测试就能够发现这样的缺陷。正如 Beizer 所说:“错误潜伏在角落里,聚集在边界上。”相对而言白盒测试能够更容易地发现它。

白盒测试的方法总体上可分为静态方法和动态方法两大类。静态方法是不实际执行程序而进行的测试,主要是检查程序代码或文档的表示和描述是否一致、符合要求以及有无冲突或歧义?

动态测试的主要特点是在真实或模拟的环境下对软件进行行为分析，此时软件已正式运行。

4.1.2 白盒测试基础

1. 控制流图

对于软件测试而言，为了方便写出“测试用例”，对于程序结构复杂的代码需要首先画出“程序的控制流图”。

控制流图用来描述程序控制结构。可将流程图映射到一个相应的流图(假设流程图的菱形决策框中不包含复合条件)。白盒测试依赖于程序的结构，需定义一种程序的表示方式。控制流图是一种刻画程序结构和逻辑流的方法，任何过程设计都可以转换为控制流图。

程序的五点基本结构如图 4-2 所示。

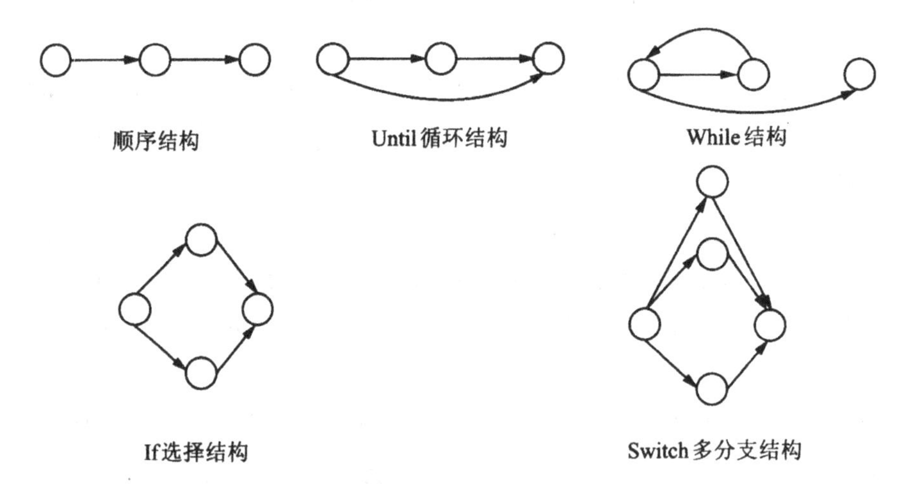

图 4-2 程序的基本结构

在控制流图中，线条和箭头表示流控制，称为边，表示控制流的方向；圆圈表示一个或多个动作，称为节点，表示一个或多个无分支的源程序语句；由边和节点围成的范围称为区域。如果一个节点包含判定条件，称为谓词节点。不同程序结构的控制流图表示如图 4-3 所示。

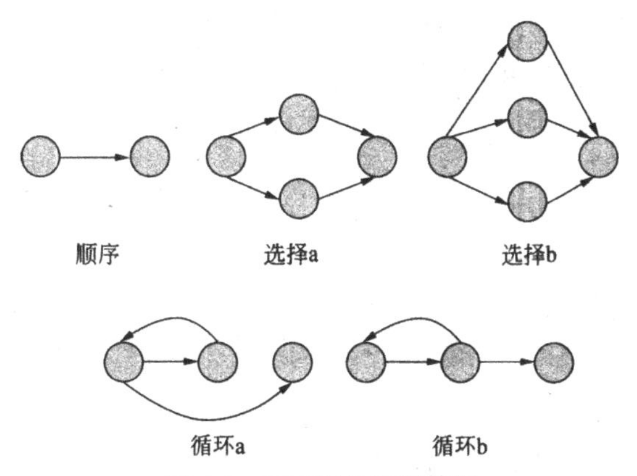

图 4-3　程序图的图形符号

程序图可以看作是压缩后的控制流图，也是一种特殊形式的有向图。例如，NextDate 函数的程序图如图 4-4 所示，图中数字对应源代码中的语句编号，K1、K2、K3 为语句段，其中 K1 表示语句 1～4，K2 表示语句 26～29，K3 表示语句 39～40。

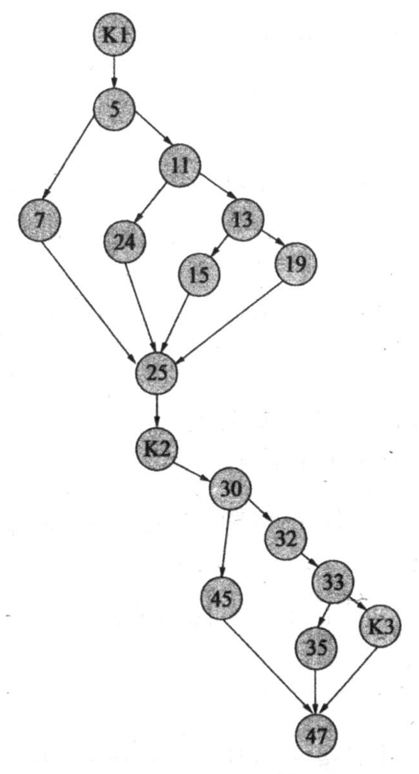

图 4-4　NextDate 函数的程序图

程序图中每个节点代表一段语句片段(包含一条或多条语句),每条有向边表示程序执行的走向。对一段程序源代码构造其对应的程序图,应遵循以下的压缩原则:

1)剔除注释语句。注释不参与实际程序执行,对程序结构不产生任何影响。

2)剔除数据变量的声明语句。此处的声明语句特指不进行初始化、只声明了变量类型的语句,进行初始化或赋值的语句不在此列。

3)所有连续的串行语句压缩为一个节点,即忽略子路径上经过的语句条数,无论某条子路径包含多少语句,只要不存在执行分支,一律压缩为一个节点,与变量无关。

4)所有循环次数压缩为一次循环,即忽略循环次数,无论某个循环结构将循环多少次,仅考虑执行循环体和不执行循环体这两种情况,与程序拓扑无关。

NextDate 的压缩后的程序图如图 4-5 所示,图中每个字母表示一段或一条语句,对应关系如下所示。在未特别指明的情况下,下文将以图 4-5 作为示例进行计算和介绍。

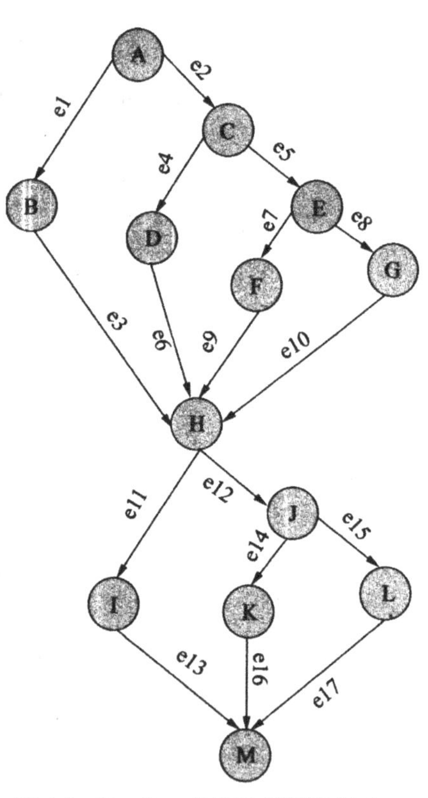

图 4-5 NextDate 的压缩后的程序图

【例 4-1】 画出如下程序的控制流图。

```
10  void test()
11  ={
12      /* * 对 flag=0,flag=1 和其他判断输出不同值的
```

```
temp * * /
    13      count=10
    14      int temp=0;
    15      while(count>0){
    16            if(flag==0){
    17              temp=count * 2;
    18              break;
    19            }
    20            else{
    21                 if(flag==1){
    22                 temp=temp * 8;
    23               }
    24                 else{
    25                  temp=temp+200;
    26                 }
    27      }
    28      count--;
    29      }
    30      return temp;
    31   }
```

控制流图如图 4-6 所示，由于 10～14 语句都是顺序执行的，这里就省略了。

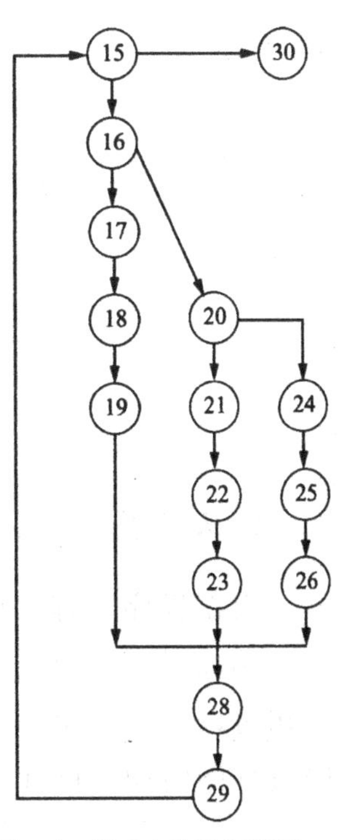

图 4-6　例 4-1 的控制流图

【例 4-2】　程序中的判断句是多个条件语句组合的情况。画出程序的控制流图。

```
    10   void test1(a,b)
    11   {
    12
    13   int t1;
    14   if((a>10) ll (b<=20))
```

```
15      {
16        t1=a-b;
17      }
18   else
19      {
20         t1=a+b;
21      }
22   printf("退出");
23   }
```

控制流图如图 4-7 所示。

图 4-7 中选择的行号的代码都是出现了选择分支,循环操作,判断等,顺序执行的语句可以合并。这也是画控制流图的一般规则。

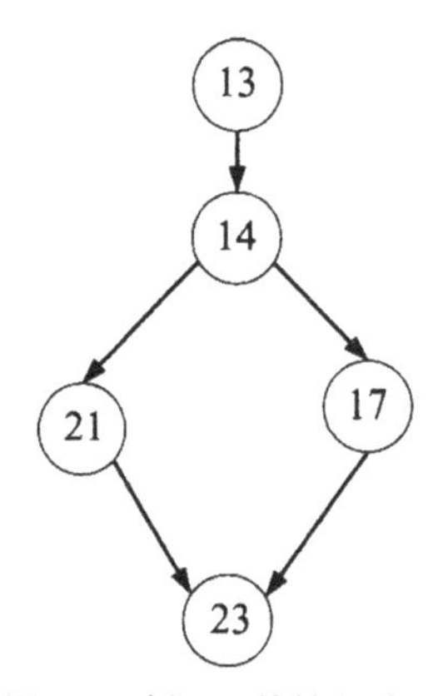

图 4-7 例 4-2 的控制流图

2. 从程序流程图导出控制流图

根据程序流程图可以画出控制流图。

例如,把语句框全部使用圆圈表示,对于顺序执行的若干个语句可以看做一个大语句块,用圆圈表示。例如,图 4-8 所示的程序流程图转换为图 4-9 所示的控制流图。

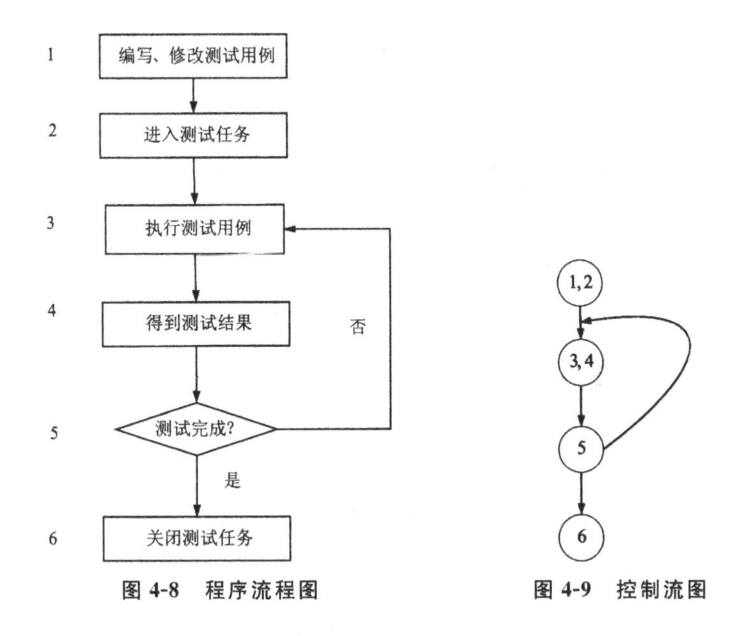

图 4-8　程序流程图　　　　图 4-9　控制流图

【例 4-3】　将语句块、决策框都看成一个结点。把图 4-10 的程序流程图转换为图 4-11 的控制流图。

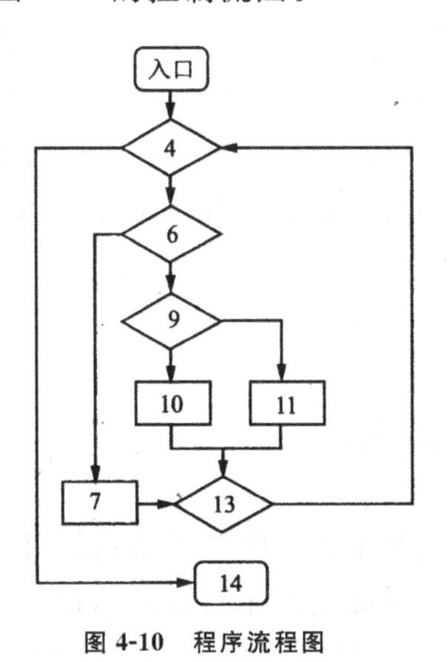

图 4-10　程序流程图

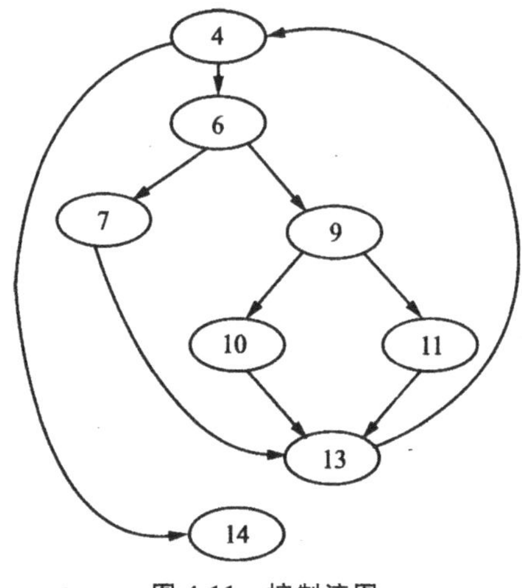

图 4-11　控制流图

4.2　覆盖测试

覆盖测试的依据是软件设计说明书,根据软件设计说明书来对程序内部细节进行检查,针对特定的条件设计测试用例,对软件的逻辑路径进行覆盖测试。它是白盒测试的主要方法。

白盒测试法的覆盖测试法有逻辑覆盖、路径覆盖和循环的路径测试,逻辑覆盖包括语句覆盖、判定覆盖、条件覆盖、条件组合覆盖、判定/条件覆盖等。

4.2.1　逻辑覆盖法

逻辑覆盖测试基于程序的逻辑结构设计相应的测试用例,要求测试人员深入了解被测程序的逻辑结构特点,完全掌握源代码的流程。根据不同的测试要求,逻辑覆盖测试可以分为语句覆盖、判断覆盖、条件覆盖、判断—条件覆盖、条件组合覆盖和基本路径覆盖。

下面是一段简单的C语言程序(一)。

C 语言程序(一)：

```
void Study(int x,int y,int z)
{int m=0,n=0;
if((x>3)&&(z<10,))        //判断语句 1
{ m=x*y-1;
n=z-x;}   //语句块 1
if((x==4)||(y>5))   //判断语句 2
{n=x*y+10;}   //语句块 2
n=3*y;}       //语句块 3
```

覆盖测试程序流程图如图 4-12 所示，其中，T、F 表示判断语句的逻辑取值，a、b、c、d 表示各路径。

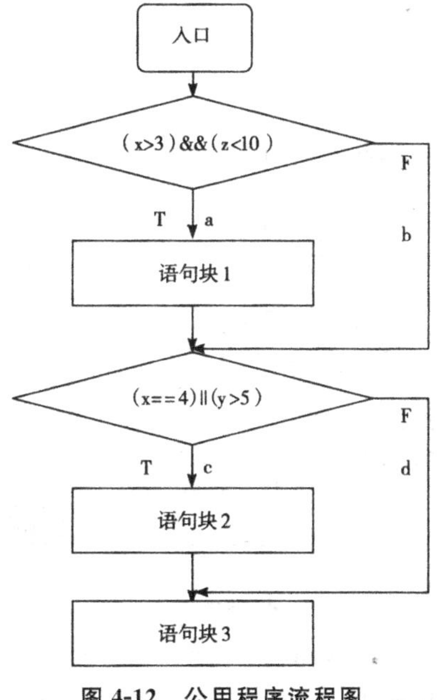

图 4-12　公用程序流程图

1. 语句覆盖

语句覆盖是指程序中的每条语句至少执行一次。例如，以下为 C# 语言程序(二)。

C 语言程序(二)：

```
public int func(int x,int y)
{   int r=0;
    if((x>=80)&&(y>=80))
    { return r=1;}
    else
    {
    if((x+y>=140)&&(x>=90||y>=90))
      {
      return r=2;
    }
     else
     { return r=3;}
     }
}
```

该程序流程图如图 4-13 所示。

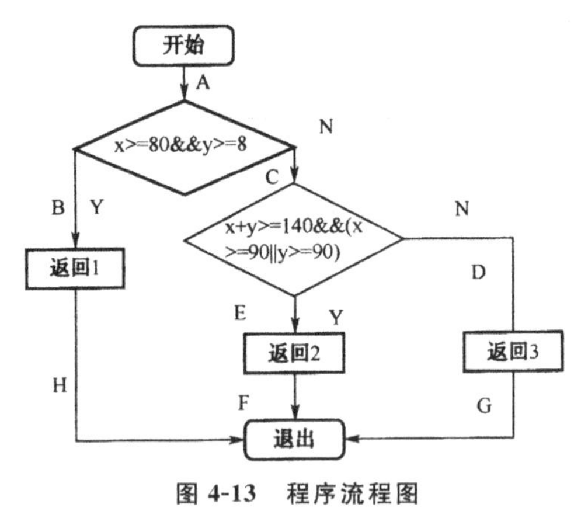

图 4-13　程序流程图

程序流程图中的每条路径至少执行一次，才能完成语句覆盖。按照语句覆盖法的要求来设计测试用例，如表 4-1 所示。

表 4-1　语句覆盖测试用例

次　数	x	y	路　径
1	80	81	ABH
2	90	50	ACEF
3	90	40	ACDG

根据上例，可以很直观地从源代码得到测试用例，不需要再细分每条判定表达式。但是这种测试方法对程序隐藏的分支无法测试。例如，在 do-while 语句中，语句覆盖执行其中某一个条件分支，无法全面反馈多分支逻辑结构，依次运行每条语句，不考虑其他因素。

2. 判定覆盖

判定覆盖，又称为分支覆盖，要求程序中每个判定至少有一次为真值，一次为假值，每个分支至少执行一次，要设计足够多的测试用例。

根据 C 语言程序(二)，设计判定覆盖法的测试用例，如表 4-2 所示。

表 4-2　判定覆盖测试用例

次　数	x	y	路　径
1	85	81	ABH
2	90	50	ACEF
3	50	40	ACDG

判定覆盖和语句覆盖一样简单，不需要区分每个判定就能得到测试结果。因为大部分的判定语句是由多个逻辑条件组成的，仅仅判断最终结果，忽略每个条件的取值，有时会遗漏部分测试路径。

如果判定语句中的条件表达式是由一个或多个逻辑运算符(OR，AND，NAND，NOR)连接的复合条件表达式，则需要改为一系列只有单个条件的嵌套的判断。

【例 4-4】 给出如下的程序，设计判定覆盖的测试用例。

```
1   int test(int maxint,int n)
2   {  int result=0;  int i=0;
3     if(n<0)  {
4     n= - n;}
5   while((i<n)  &&(result<=maxint))
6     {i:=i+1;
7     result  := result+i;
8     }
9     if(result<=maxint)
10   { printf("%d",result);}
11   else printf("too large");
12     )
```

首先根据题意画出程序流程图如图 4-14 所示。

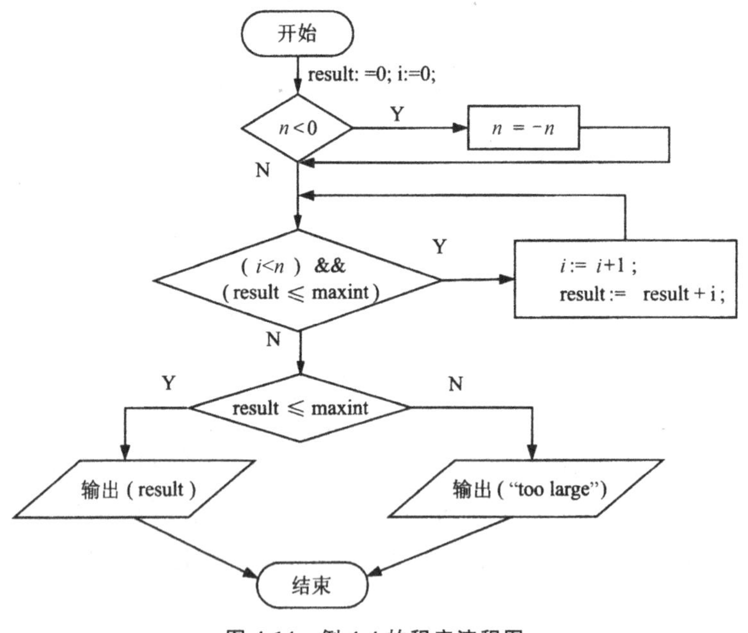

图 4-14　例 4-4 的程序流程图

本例有 2 个判断语句：

1)$(i<n)$&&(result<=maxint)：记为 P3；

2)(result＜＝maxint)：记为 P4。

P4 是 P3(2 个条件的“与”运算)的子集，所以采取如下方法：

1)P3 为真(result＜＝maxint 必为真)，P4 为真；

2)P3 为假(取 result＜＝maxint 为假)，所以 P4 也为假。

对于判断语句 P4 和 P3，这里的 i 和 result 两个变量是有初始值的。所以只要给出 maxint 和 n 两个变量的值进行测试即可。

所以测试用例见表 4-3。

表 4-3　测试用例

编　号	输入		说　明
	maxint	n	
T1007	10	3	P3＝true P4＝true
T1008	0	－1	P3＝false P4＝false

从上面所说可以看出，“判定覆盖”的含义可以理解为：给出的测试用例使得每一个判定获得每一种可能的结果。

3. 条件覆盖

条件覆盖要设计足够多的测试用例，判定每个条件可能获取的各种结果，每个条件至少有一次为真值，一次为假值。

沿用 C 语言程序(二)，设计条件覆盖法的测试用例，如表 4-4 所示。

表 4-4　条件覆盖测试用例

次　数	x	y	路　径
1	90	70	ABH
2	45	45	AC

条件覆盖比判定覆盖增加了判定情况，增加了多条测试路，但不能保证判定覆盖。条件覆盖只能保证每个条件至少一次为真，而不考虑其他所有判定结果。

4.判定/条件覆盖

判定/条件覆盖要使判定中每个条件的所有结果至少出现一次，每个判定可能结果也至少出现一次。

沿用C语言程序(二)，设计判定/条件覆盖法的测试用例，如表4-5所示。

表4-5　判定/条件覆盖测试用例

次数	x	y	路径
1	90	70	ABH
2	45	45	ACDG
3	91	70	ACEF
4	70	90	ACEF

判定/条件覆盖满足了判定覆盖和条件覆盖，弥补了不足，但未考虑条件的组合情况。

5.条件组合覆盖

条件组合覆盖要使每个判定中条件结果的所有可能组合至少出现一次。

沿用C语言程序(二)，设计条件组合覆盖法的测试用例，如表4-6所示。

表4-6　条件组合覆盖测试用例

次　数	x	y	路　径
1	90	70	ABH
2	45	135	ACDG
3	45	90	ACDG
4	45	45	ACDG
5	90	30	ACDG
6	90	40	ACEF
7	90	90	ACEF

条件组合覆盖要求设计若干个测试用例，使得被测程序中每个判断中的所有可能的条件的取值组合都至少执行一次。满足

条件组合覆盖，则一定满足判断覆盖、条件覆盖和判断—条件覆盖。

为了表示方便，仍采用条件覆盖时的标记方法，对各个判断中的条件取值组合加以标记如下：

1) $x>3$, $z<10$，记作 T1T2，第一个判断取真分支。

2) $x>3$, $z>=10$，记作 T1－T2，第一个判断取假分支。

3) $x<=3$, $z<10$，记作－T1T2，第一个判断取假分支。

4) $x<=3$, $z>=10$，记作－T1－T2，第一个判断取假分支。

5) $x==4$, $y>5$，记作 T3T4，第二个判断取真分支。

6) $x==4$, $y<:5$，记作 T3－T4，第二个判断取真分支。

7) $x!=4$, $y>5$，记作－T3T4，第二个判断取真分支。

8) $x!=4$, $y<=5$，记作－T3－T4，第二个判断取假分支。

将以上条件的 8 种取值进行组合，可得到 4 种组合情况，那么满足条件组合的测试用例如表 4-7 所示。

表 4-7　条件组合覆盖的测试用例

ID	输入条件			预期输出		通过路径	条件语句逻辑取值	覆盖组合号	判断语句逻辑取值
	x	y	z	m	n				
1	4	6	7	23	18	a、c	TlT2T3T4	1、5	TT
2	4	4	11	0	12	b、c	T1－T2T3－T4	2、6	FT
3	5	3	9	14	21	b、c	－T1T2－T3T4	3、7	FT
4	2	5	12	0	15	b、d	－T1－T2－T3－T4	4、8	FF

从表 4-7 可看出，上面这组测试用例覆盖了 8 种条件取值组合，覆盖了所有判断的真假分支，但是却丢失了一条路径 a、d。

6. 基本路径覆盖

基本路径覆盖要求设计若干个测试用例，使得被测程序中的所有可能路径都至少执行一次。前面介绍的 5 种逻辑覆盖都未做到路径覆盖。实际上，只有当程序中的每一条路径都受到了检验，才能使程序受到全面的检验，而基本路径覆盖就可达到此目的。分析公用程序可知，路径总共有 4 条，分别是 a、c，a、d，b、c 和

b、d，因此满足基本路径覆盖的测试用例如表 4-8 所示。

表 4-8 基本路径覆盖的测试用例

ID	输入条件			预期输出		通过路径	条件语句逻辑取值	覆盖组合号	判断语句逻辑取值
	x	*y*	*z*	*m*	*n*				
1	4	6	7	23	18	a、c	TlT2T3T4	1、5	TT
2	4	4	11	0	12	a、d	T1－T2T3－T4	2、6	FT
3	2	7	9	14	9	b、c	－T1T2－T3T4	1、8	TF
4	2	5	12	0	15	b、d	－T1－T2－T3－T4	4、8	FF

分析表 4-8 可知，上面这组测试用例满足了基本路径覆盖，却丢失了组合号 3、7，也即不满足条件组合覆盖，因此，满足基本路径覆盖的测试用例不一定满足条件组合覆盖。

基本路径覆盖只适用于简短的小程序，当程序规模一旦稍大，其路径条数呈现倍数增长，做到覆盖所有的路径几乎是不可实现的。在实际测试中，即使做到路径覆盖，仍然不能保证程序的正确性，通常还需要采取其他测试方法进行补充。

覆盖测试法的优点是能够较为彻底地检测代码的每条分支和路径，帮助测试人员思考软件的实现过程；缺点是无法检测代码中遗漏的路径，难以发现与数据相关的数据敏感性错误，不能验证是否违反了设计规范，花费的人力、物力时间较多。

4.3 基本路径测试

4.3.1 基本原理

从程序入口到程序出口之间存在许多可能的路径。对于判断语句，路径数目可能会加倍；对于 switch-case 语句，路径数目依赖于分支数目；对于循环语句，路径数目随着循环变量值增加而增大。总之，对于一段即使是比较简单的程序，要达到完全路径覆盖也是非常困难的。基本路径测试是一种较好的完全路径覆盖的变通方法。

基本路径测试的基本原理是：将全路径集合看作是一个向量空间，把从全路径集合中抽取的一组线性无关的独立路径看作是一组向量基，根据基于向量空间和向量基的理论可知，全路径集合中的所有路径可由这组独立路径的某种组合方式来遍历，因此，只需对这组独立路径进行了测试，就等价于对全路径进行了测试。这组独立路径就成为基路径或基本路径。基本路径测试的基本原理如图 4-15 所示。

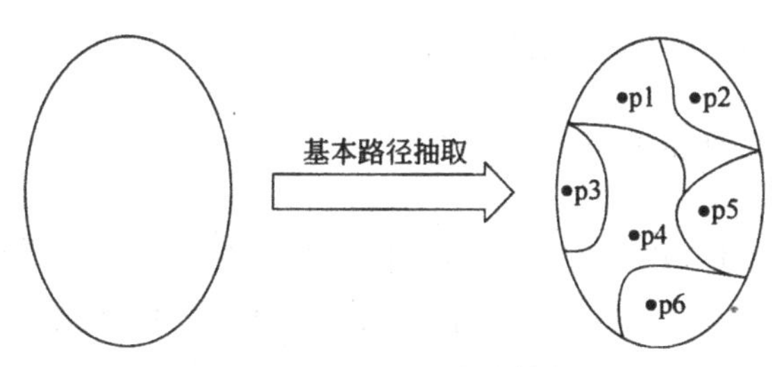

图 4-15　基本路径测试的基本原理

基本路径测试的目标是：

1)测试的完备性。即通过对独立路径的测试达到对所有路径的测试覆盖。

2)测试的无冗余性。每条路径都是独立的，设计的测试用例之间不存在冗余。

抽取的基本路径需满足以下要求：

1)任意两条基本路径线性无关；

2)所有基本路径合并是整个向量空间，即任意一条路径都可以转化为某一条或几条基本路径的组合遍历。

4.3.2 圈复杂度

1. 圈复杂度的概述

圈复杂度是一种代码复杂度的衡量标准。又称环复杂度或 McCabe 复杂性度量，是一种对程序结构复杂度的度量模型，由 McCabe 于 1982 年提出，其基本思想是基于判定节点对程序图封闭圈数目造成的影响来衡量程序的复杂程度。圈复杂度主要与分支语句(if、else、switch 等)的个数呈正相关。在计算圈复杂度时，可以通过程序控制流图方便地计算出来。

2. 圈复杂度的计算

计算一个程序的圈复杂度有 3 种方式：区域观察法、公式法和谓词节点法。下面以 4.1 节图 4-5 为例分别介绍。

(1)区域观察法

观察法指根据圈复杂度的定义，直观观察程序图将二维平面分隔成的封闭区域和开放区域的个数。图 4-5 中封闭区域有 5 个：

区域 1，由节点 A、B、C、D、H 所围成；

区域 2，由节点 C、D、E、F、H 所围成；

区域 3，由节点 E、F、G、H 所围成；

区域 4，由节点 H、I、J、K、M 所围成；

区域 5，由节点 J、K、L、M 所围成；

另外还有 1 个外部的开发区域。因此，该程序图的圈复杂度为 6。

(2)公式法

可利用程序图中边、节点和开放区域的数目，使用以下公式计算圈复杂度：

$$v(G)=e-n+2p$$

其中：$v(G)$表示圈复杂度；e 表示图中边的数目；n 表示图中节点的数目；p 表示图中未连接部分（即不封闭区域）的数目。

对于图 4-5，$v(G)=17-13+2\times1=6$，该程序图的圈复杂度为 6。

(3)谓词节点法

如果程序图中一个节点包含判定条件，称为谓词节点。可利用独立谓词节点的数目，使用以下公式计算圈复杂度：

$$v(G)=D+1$$

其中，D 表示图中独立谓词节点的数目。请注意，所谓的独立谓词节点数目不应简单地认为是程序图中判定节点的个数，事实上，分支大于 2 的判定节点可以被拆分成多个仅含两个分支的判定节点。因此，当程序中的判定节点均为两分支的判定时（包括循环节点），可将每个判定节点视为一个独立谓词节点；而当判定节点为大于 2 的分支时，该判定节点应视为$(n-1)$个独立谓词节点。

对于图 4-5，节点 A、C、E、H、J 为独立谓词节点，一共有 5 个，所以，该程序图的圈复杂度为 6。

【例 4-5】计算下面程序的圈复杂度。

程序源代码：

```
int case1(int num){
int pr=10;
if(num==1){
   pr=pr+100;}
   return pr;
}
```

程序有一个判断语句，所以圈复杂度 v(G)=2。

上面代码的单元测试代码为：

```
void testCase1(){
   int test1=case1(1);
}
```

其控制流图如图 4-16 所示。

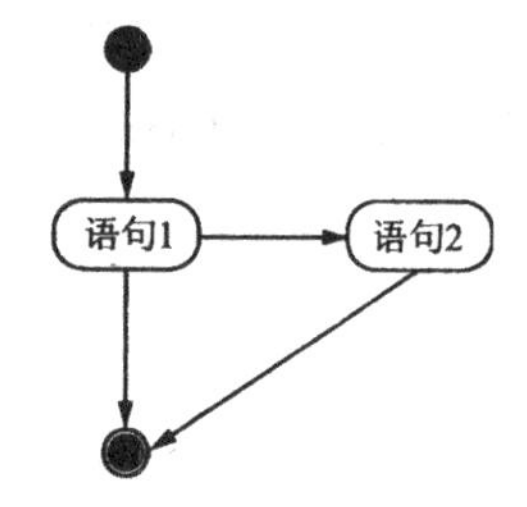

图 4-16　例 4-5 的控制流图

其中语句 1 表示 if(num==1)的条件判断，语句 2 表示 pr=pr+100 的赋值操作。从图 4-16 的控制流图得到边 $e=4$，结点$n=4$。

计算方法：

1)按照边和结点数计算：圈复杂度 $v(G)=4-4+2=2$。

2)按照判定结点数计算：只有一个判定，圈复杂度 $v(G)=1+1=2$。

3)按照区域数计算：有 2 个区域(内部一个，外部一个)，圈复杂度 $v(G)=2$。

4.3.3　图矩阵

图矩阵是一种有用的基本路径分析工具。图矩阵是一个方阵，其大小(行和列的数目)为流图中节点的数目，行或列表示流图的节点，矩阵中的元素表示流图的边。表 4-9 给出了 4.1 节中图 4-5 的图矩阵，可以看到图矩阵就是一个表示流图的表格。

表 4-9　NextDate 程序图的图矩阵

	A	B	C	D	E	F	G	H	I	J	K	L	M
A		e1	e2										
B								e3					
C				e4	e0								
D								e6					
E						e7	e8						
F								e9					
G								e10					

续表

	A	B	C	D	E	F	G	H	I	J	K	L	M
H									e11	e12			
I													e13
J											e14	e15	
K													e16
L													e17
M													

给图矩阵中每个元素增加一个连接权值，图矩阵可被用于评估程序控制结构。权值可以表示不同的含义，比如：节点之间的连接存在或不存在，通常用“1”或“0”表示；一个连接（边）被执行的概率；在经历一个连接时所需的处理时间；在处理连接时所需的内存或其他资源等。作为示意，把表 4-9 中的边用“1”替代，表示该连接存在，给出表 4-9 的连接矩阵，如表 4-10 所示。连接矩阵可用于计算程序的圈复杂度。

表 4-10　表 4-9 的连接矩阵

	A	B	C	D	E	F	G	H	I	J	K	L	M	连接
A	0	1	1	0	0	0	0	0	0	0	0	0	0	2－1＝1
B	0	0	0	0	0	0	0	1	0	0	0	0	0	1－1＝0
C	0	0	0	1	1	0	0	0	0	0	0	0	0	2－1＝1
D	0	0	0	0	0	0	0	1	0	0	0	0	0	1－1＝0
E	0	0	0	0	0	1	1	0	0	0	0	0	0	2－1＝1
F	0	0	0	0	0	0	0	1	0	0	0	0	0	1－1＝0
G	0	0	0	0	0	0	0	1	0	0	0	0	0	1－1＝0
H	0	0	0	0	0	0	0	0	1	1	0	0	0	2－1＝1
I	0	0	0	0	0	0	0	0	0	0	0	0	1	1－1＝0
J	0	0	0	0	0	0	0	0	0	0	1	1	0	2－1＝1
K	0	0	0	0	0	0	0	0	0	0	0	0	1	1－1＝0
L	0	0	0	0	0	0	0	0	0	0	0	0	1	1－1＝0
M	0	0	0	0	0	0	0	0	0	0	0	0	0	0
					连接总数									0
					圈复杂度									5＋1＝6

4.3.4 测试设计

基本路径测试的主要步骤包括：以代码/设计为基础画出程序图；计算基本路径集合的规模；抽取基本路径；生成测试用例。结合 NextDate 程序进行介绍。

(1)画出程序图。根据 NextDate 程序代码(此处略，请见前面章节)，得到程序图，见图 4-5。

(2)计算基本路径集合的规模。基本路径的个数等于圈复杂度。对于 NextDate 程序，基于程序图可得圈复杂度是 6，其基本路径集合的规模也为 6。

(3)抽取基本路径。第一，确定主路径。从所有路径中，找到一条最复杂的路径作为主路径。所谓的最复杂体现在：

1)主路径应包含尽可能多的判定节点(包括条件判定和循环判定节点)，判定节点越多，路径越复杂。

2)主路径应包含尽可能复杂的判定表达式，判定表达式包含的变量数量和“与”“或”关系越多，路径越复杂；当判定节点相同时，取判定表达式复杂的为主路径。

3)主路径应对应尽可能高的执行概率，每个判定节点取不同分支的概率并不相同，当不同路径包含相同数量的判定节点时，可根据一定规则来计算每条路径的执行概率(比如，所包含的所有判定分支执行概率的乘积)，执行概率越高的路径越复杂。

4)主路径应包含尽可能多的语句，在相同执行概率的情况下，比较路径所包含的原始语句的数量，取语句数量多的为主路径。

第二，根据主路径抽取其他基本路径。

基于主路径，依次在该路径的每个判定节点处执行一个新的分支，构建一条新的基本路径，直至找到足够的基本路径数。当主路径上所有的判定节点处的每个分支都已覆盖，但仍不能达到指定数量的基本路径时，应查找程序中尚未完全覆盖的判定分支并构建基本路径。构建基本路径时,仍可按照判断表达式的复杂度、路径执行概率、路径包含语句数等原则进行。

对于 NextDate 程序,其基本路径集合为:

Path1:A—C—E—G—H—J—K—M(主路径);

Path2:A—B—H—J—K—M(在判定节点 A 处执行 e1 分支);

Path3:A—C—D—H—J—K—M(在判定节点 C 处执行 e4 分支);

Path4:A—C—E—F—H—J—K—M(在判定节点 E 处执行 e7 分支);

Path5:A—C—E—G—H—I—M(在判定节点 H 处执行 e11 分支);

Path6:A—C—E—G—H—J—L—M(在判定节点 J 处执行 e15 分支)。

(4)处理不可行路径。上面步骤完全是基于程序图进行的,而由于业务逻辑、程序缺陷等原因,得到的基本路径有可能是不可行路径,需要对不可行路径进行处理,通常有2种处理方法:

1)在不可行路径中,找出所有判定节点,进入另一个分支,直到得到符合业务逻辑的路径为止;

2)找到不可行路径,通过人工干预方式得到一条符合业务逻辑的路径。

对于 NextDate 程序,Path6 执行 A—C—E—G 语句,说明函数输入为2月(并且非闰年),从而不可能再执行判定节点J处的 e15 分支到达 L(跨年,只有12月才可以),因此,Path6 为不可行路径。

由于所有判定节点的每个分支都已覆盖,通过人工干预方式选定一条新路径作为 Path6:

Path6:A—B—H—I—M(发生几率最大)。

(5)设计测试用例。根据上面得到的基本路径设计对应的测试用例。

对于 NextDate 程序,针对基本路径 Path1~Path6,每条路径至少设计一个测试用例，得到测试用例集合如表 4-11 所示。

表 4-11　NextDate 程序的测试用例集合

测试用例 ID	输　入	预期输出	备　注
NextDate 01	2015－2－28	2015－3－1	对应 Path1
NextDate 02	2015－7－31	2015－8－1	对应 Path2
NextDate 03	2015－6－30	2015－7－1	对应 Path3
NextDate 04	2012－2－29	2012－3－1	对应 Path4
NextDate 05	2015－2－20	2015－2－21	对应 Path5
NextDate 06	2015－1－15	2015－1－16	对应 Path6

4.3.5　基本路径测试技术分析

基本路径测试既有优点，也有局限。

1)在理论上基本路径测试保证了测试的完备性和无冗余性，并且可以大幅降低测试用例的数量。根据基本路径的抽取原则，如果所有要测试的路径是一个向量空间的话，基本路径集就是一组向量基，任意其他路径均可由基本路径的有限组合得到。

2)不可行路径的存在可能会破坏基本路径测试的完备性和无冗余性。不可行路径可能是由于程序缺陷或不存在的业务逻辑等原因造成的，不可行路径的存在表明程序代码是不完备的。当然，根据程序实际应用场景或其他客观需求，不一定非要消除不可行路径，但至少指出了程序代码优化的方向。

3)基本路径测试是基于程序图的，对串行语句长度和循环次数不敏感，能够保证覆盖到每个判定决策，并且能进一步保证对所有相互独立的判定决策结果进行测试，相比于判定覆盖指标更加健壮；但同时，基本路径测试不考虑每个分支的执行概率以及每条路径针对各数据变量的行为，与程序代码的实际情况是不吻合的，无法验证程序是否正确实现预期功能，无法发现程序违反设计规范之处，也很可能发现不了那些与数据相关的错误或用户操作相关的缺陷。

4)基本路径可能是程序代码中执行概率很低的路径。当然也不能否认,执行概率低的路径往往是最有可能存在缺陷的路径。

5)基本路径测试思想可用于任何动态模型中。在单元测试阶段,基本路径测试方法可主要用于对程序源代码的执行测试;在集成测试或系统测试阶段,基本路径测试方法可主要用于对业务流程、页面跳转等类似动态执行路径的测试。

4.3.6　基本路径测试示例

【例 4-6】通过区域计算圈复杂度。

给出下面代码:

```
int proc(int record)
{int ph;
1   while(record>100){
2      scanf("%d",&ph);
3      if(ph<0){
4          ph=ph+4;
5          printf("%d",ph);}
6      else
7      if(ph>100)
8            printf("error");
9      else
10 printf("%d",ph-record);
11 printf("good bye");
12     }
```

解:首先给出程序流程图,如图 4-17 所示。

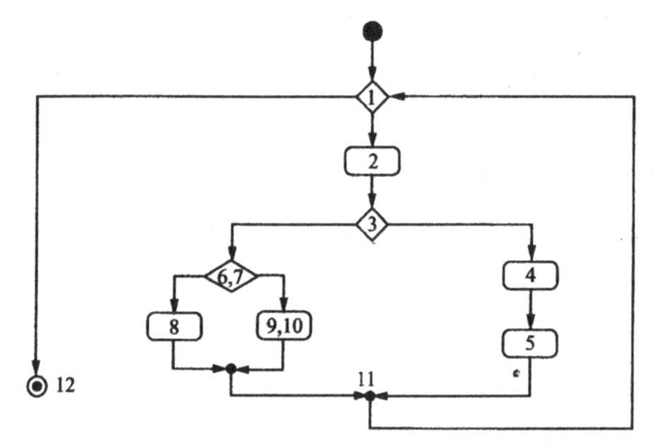

图 4-17　程序流程图

其次画出控制流图,如图 4-18 所示。

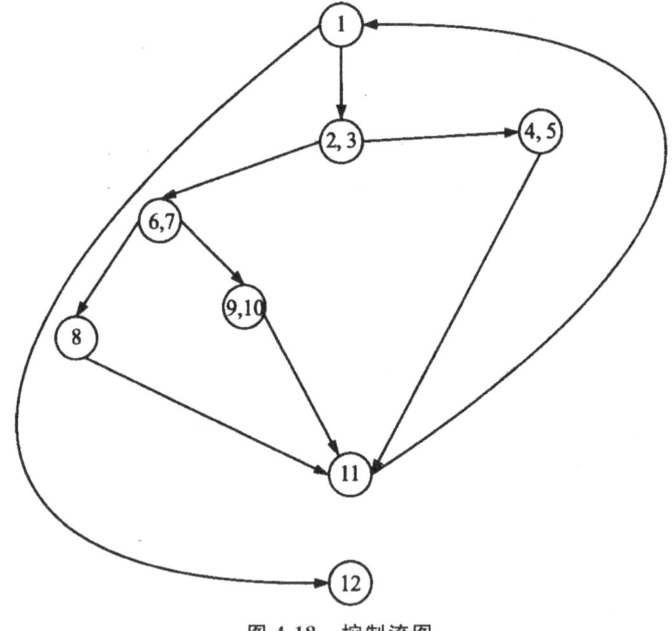

图 4-18　控制流图

有 4 个区域,见图 4-19:region1,region2,region3,region4。因此圈复杂度为 4。

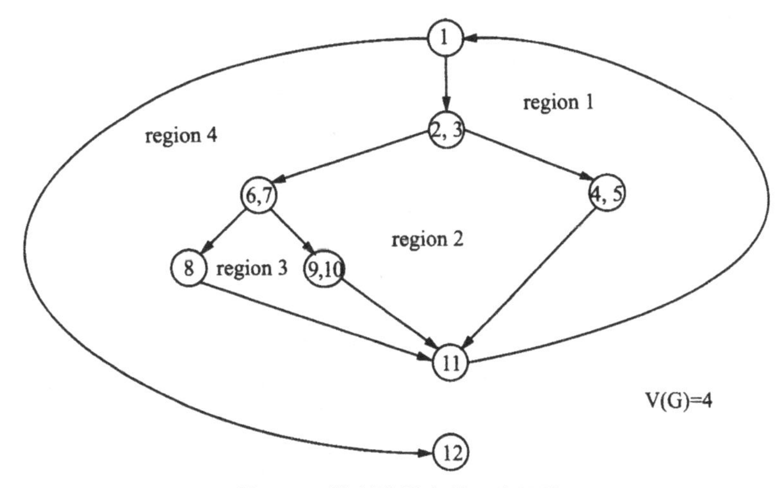

图 4-19　控制流图中的 4 个区域

独立的基本路径集合如下：

1)1—2—3—6—7—9—10—11—1—12；

2)1—2—3—6—7—8—11—1—12；

3)1—2—3—4—5—11—1—12；

4)1—12。

4.4　循环测试

循环测试是一种着重循环结构有效性测试的白盒测试方法。循环结构测试用例的设计有如图 4-20 所示的 4 种模式。

1. 简单循环

设计简单循环测试用例时，有以下几种测试集的情况，其中 n 是可以通过循环体的最大次数：

1)零次循环：跳过循环体，从循环入口到出口。

2)通过一次循环体：检查循环初始值。

3)通过两次循环体：检查两次循环。

4)m 次通过循环体($m<n$)：检查多次循环。

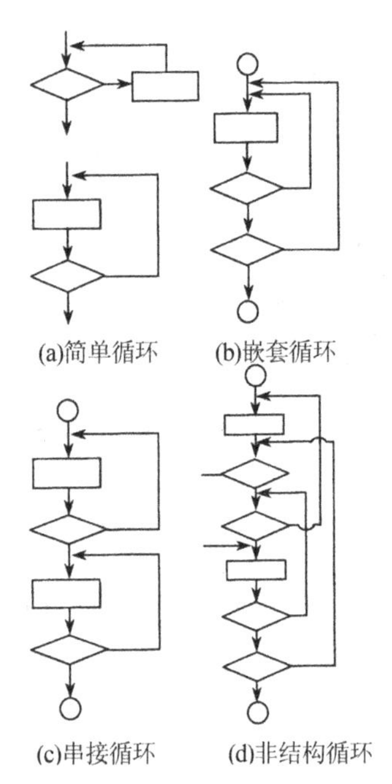

图 4-20 循环测试的模式

5)n、$n-1$、$n+1$ 次通过循环体:检查最大次数循环以及比最大次数少一次、多一次的循环。

2. 嵌套循环

如果采用简单循环中的测试集来测试嵌套循环,可能的测试数目就会随着嵌套层数的增加成几何级增长。这样的测试是无法实现的,所以要减少测试数目。

1)对最内层循环按照简单循环的测试方法进行测试,把其他外层循环设置为最小值。

2)逐步外推,对其外面一层的循环进行测试。测试时保持本次循环的所有外层循环仍取最小值,而由本层循环嵌套的循环取某些"典型"值。

3)反复进行步骤 2)中的操作,向外层循环推进,直到所有各层循环测试完毕。

3. 串接循环

如果串接循环的循环体之间是彼此独立的,那么采用简单循环的测试方法进行测试。如果串接循环的循环体之间有关联,例如前一个循环体的结果是后一个循环体的初始值,那么需要应用嵌套循环的测试方法进行测试。

除了上述 3 种循环测试外,还有一种非结构循环,这种结构的程序必须经过重新设计,变为结构化的程序后再进行循环测试。

4.5　程序插装技术

程序插装是一种基本的测试手段,在软件测试中有着非常广泛的应用。简单地说,程序插装就是借助被测程序中插入操作来实现测试目的的方法。这样在运行程序时,既能检验测试的结果数据,又能借助插入语句给出的信息掌握程序的动态运行特性,从而把程序执行过程中所发生的重要事件记录下来。

程序插装设计时主要需要考虑三方面的因素:

1)需要探测哪些信息。

2)在程序的什么位置设立插装点。

3)计划设置多少个插装点。

插装技术在软件测试中主要有以下应用:

1)覆盖分析。程序插装可以估计程序控制流图中被覆盖的程度,确定测试执行的充分性,从而设计更好的测试用例,提高测试覆盖率。

2)监控。在程序的特定位置设立插装点,插入用于记录动态特性的语句,用来监控程序运行时的某些特性,从而排除软件故障。

3)查找数据流异常。程序插装可以记录在程序执行中某些变量值的变化情况和变化范围。掌握了数据变量的取值状况，就能准确地判断是否发生数据流异常。虽然数据流异常可以用静态分析器来发现，但是使用插装技术可以更经济更简便，毕竟所有信息的获取是随着测试过程附带得到的。

4.5.1 用于测试覆盖率和测试用例有效性度量的程序插装

插装技术是实现各种覆盖测试的必要手段，要统计各种成分的覆盖率，在一些点插入必要的信息是必不可少的。

【例 4-7】 对计算整数 x 和整数 y 最大公约数的程序，图 4-21 给出了其实现的流程图。在该图中，虚线框表示的是插入的语句。

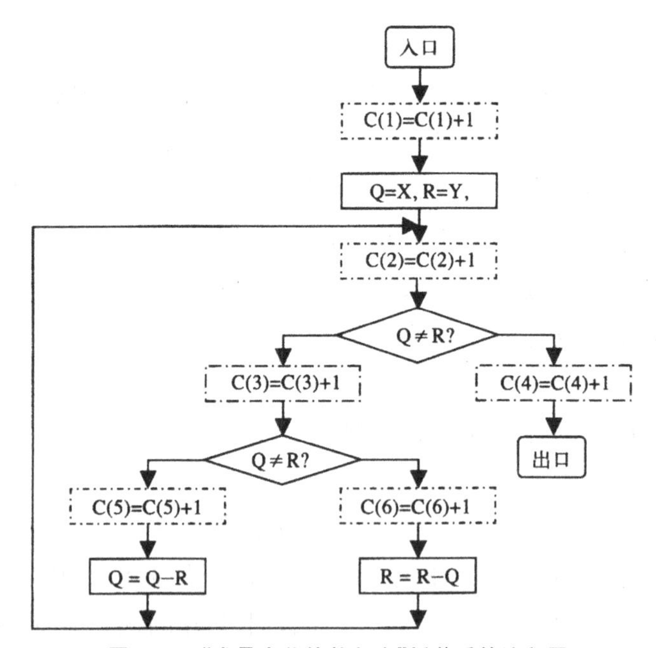

图 4-21 “求最大公约数程序”插装后的流程图

程序从入口开始执行，到出口结束，所经历的插装计数语句能够记录下程序各语句的执行次数。

程序插装技术的研究涉及下列几个问题：

1)探测哪些信息？这要根据具体的需求而定。例如，如果要统计各种覆盖准则下其对应元素的覆盖率，则用 C(i)＝C(f)＋1 即可。而如果在程序中间的某个位置要知道执行的结果是否正确，则要插入相应的打印语句。

2)在程序的什么位置设置探测点？这也要根据具体的需求而定。例如，要统计各个分支执行比例，插入点的位置应放在每个分支之后。

3)需要多少探测点？一般来讲，在满足需求的情况下，插入点的个数越少越好。当然，也不必特意去追求这个最少值。

对于许多软件测试工具或调试工具而言，加入插入点或断点都是一个基本的手段。而且，在测试需求已知的情况下，加入多少个插入点、在何处加入插入点都可以自动地计算，并自动地将相应的插入语句插入到程序中的相应位置。

【例 4-8】 插入点对程序的调试有很大的帮助。假设被调试的程序有 N 行，输出变量 x 的结果出错，则可以采用二分法找出程序的错误：在 $N/2$ 处加入一个打印变量 x 的语句，如果 x 在此处是正确的，则在[$N/2+1, N$]程序段内重复上述步骤。反之，则在[$0, N/2-1$]程序段内重复上述步骤，直到错误被定位为止。这是程序调试的一个非常有效的方法，读者可以自己试一试。

4.5.2　用于断言检测的程序插装

断言(Assenion)语句也是程序插装的一种，是在程序中特定部位插入某些用以判断变量特性的语句，但与前面谈到的用于统计和评估的插入语句不同，断言语句的作用是当程序执行到这里时必须应该是什么，否则，就会产生错误。断言语句对提高复杂程序的测试性是非常有用的。例如，在进行除法运算之前，加一条分母不为 0 的断言语句，可以有效地防止程序出错。

【例 4-9】 DiVide 是计算两个非负数 NUM 和 DEN 商的程序，假设 NUM<DEN，采用＋、－、除 2 的运算，采用逐步逼近的

方法达到求商的目的。程序中 E 是事先给定的精确度。

解:分析可知,在该程序的每一次开始的迭代中,下面 4 个断言必定为真:

- $W=2^{-k}$(k 是迭代次数);
- A=DEN * Q;
- B=DEN * W/2;
- NUM/DEN−W<Q≤NUM/DEN

```
Divide(int NUM,int DEN,E,Q)
{   float Q,E,A,B,W;
      Q=0;A=0;B=DEN/2;W=1;
      While(W<E)
        { if((NUM-A-B)>=0)
           {Q=Q+W/2;A=A+B;}
         B=B/2;W=W/2;
      }
}
```

加入断言后的程序为(假设程序有处理断言语句的能力):

```
Divide(int NUM,int DEN,E,Q)
{   float Q,E,A,B,W;
int K;
Q=0;A=0;B=DEN/2;W=1;
K=0;
While(W<E)
@ assert w=I/2^k;
@ assert A=DEN * Q;
@ assert B=DEN * W/2;
@assert NUM,DEN-W<Q≤NUM/DEN
{if(NUM-A-B)>=0)
{Q=Q+w/2;A=A+B;}
B=B/2;W=W/2;K=K+1;
```

```
    }
}
```

插装测试并不是一个独立的软件方法，一般要和其他方法，例如覆盖测试方法等结合起来才能使用。

4.6　其他白盒测试方法

除上述几种白盒测试方法外，程序变异测试、域测试以及符号测试也常用于白盒测试。下面主要对程序变异测试进行阐述。

程序变异(Program Mutation)测试技术的提出始于 20 世纪 70 年代末期。它是一种错误驱动测试，是针对某种类型的特定程序错误而提出来的。变异测试也是一种比较成熟的排错性测试方法。它可以通过检验测试数据集的排错能力来判断软件测试的充分性。

那么程序变异以及变异测试到底是什么呢?

假设对程序 P 进行一些微小改动而得到程序 MP，程序 MP 就是程序 P 的一个变异体。假设程序 P 在测试集 T 上是正确的，设计某一变异体集合：M：{MPIMP 是 P 的变异体}，若变异体集合 M 中的每一个元素在 T 上都存在错误，则认为源程序 P 的正确度较高，否则若 M 中的某些元素在 T 上运行正确，则可能存在以下一些情况：

1)M 中的这些变异体在功能上与源程序 P 是等价的。

2)现有的测试数据不足以找出源程序 P 与其变异体之间的差别。

3)源程序 P 可能产生故障，而其某些变异体却是正确的。

可见，测试集 T 和变异体集合 M 中的每个变异体 MP 的选择都是很重要的，它们会直接影响变异测试的测试效果。

那么如何建立变异体呢? 变异体是变异运算作用在源程序上的结果。被测试的源程序经过变异运算会产生一系列不同的变异体。例如，将数据元素用其他数据元素替代、将常量值增加或减少、改动数组分量、变换操作符、替换或删除某些语句等。

总之，对程序进行变换的方法多种多样，具体操作要靠测试人员的实际经验。通过变异分析构造测试数据集的过程是一个循环过程，当对源程序及其变异体进行测试后，若发现某些变异体并不理想，就要适当增加测试数据，直到所有变异体达到理想状态，即变异体集合中的每一个变异体在 T 上都存在错误。

4.6.1 程序强变异测试

程序强变异通常简称为程序变异。一般认为，当程序被开发并经过简单的测试后，残留在程序中的错误不再是那些很重大的错误，而是一些难以发现的小错误。也就是说，程序基本实现了软件需求说明中给出的功能，程序的结构一般不存在大的错误，只存在一些小错误，例如，漏掉了某个操作、分支谓词规定的边界不正确等。

程序变异测试技术的基本思想是：

对于给定的程序 P，先假定程序中存在一些小错误，每假设一个错误，程序 P 就变成 P′，如果假设了 n 个错误：$f_1, f_2, \cdots, f_n$，则对应有 n 个不同的程序：$P_1, P_2, \cdots, P_n$，这时 P_i 称为 P 的变异因子。

理论上，如果 P 是正确的，则 P_i 肯定是错误的，也就是说，存在测试数据 C_i，使得 P 和 P′的输出结果是不同的。因此，根据程序 P 和每个变异的程序，可以求得 $P_1, P_2, \cdots, P_n$ 的测试数据集$C=\{C_1, C_2, \cdots, C_n\}$。

运行 C，如果对每一个 C_i，P 都是正确的，而 P_i 都是错误的，这说明 P 的正确性较高，随着 n 的增大，P 的正确性也会越来越高。如果对某个 C_i，P 是错误的，而 P_i 是正确的，这说明 P 存在错误，而错误就是 P_i。

变异体测试技术的关键是如何产生变异因子，常用的方法是通过对被测程序应用变异算子来产生变异因子。一个变异算子是一个程序转换规则，它把一种语法结构改变成另一种语法结构，保证转换后的程序的语法正确，但不保持语义的一致。

变异运算是非常复杂的，它是根据程序中可能的错误而得出的，可能有变量之间的替换、变量与常量之间的替换、算术运算符之间的替换、关系运算符之间的替换、关系运算符写得不全、逻辑运算符之间的替换等。可以说，对于一个一般的程序，其变异因子是非常庞大的，使用时要视具体问题而定。

4.6.2　程序弱变异测试

当变异因子比较多时，运用强变异测试技术需要花费大量的时间，而实际上，对一般的程序来说，变异因子也确实比较多。为此，提出了程序的弱变异测试技术。

弱变异测试方法的目标仍是要查出某一类错误。但把注意力集中在程序中的一系列基本组成成分上，考虑在一个组成成分内部的错误是否可以在那个局部发现。其主要思想是：

设 P 是一个程序，C 是 P 的简单组成部分，若有一变异变换作用于 C 而生成 C′，如果 P′是含有 C′的 P 的变异因子，则在弱变异方法中，要求存在测试数据，当 P 在此测试数据下运行时，C 被执行，且至少在一次执行中，使 C 的产生值与 C′不同。

从这里可以看出，弱变异和强变异有很多相似之处。其主要差别在于：弱变异强调的是变动程序的组成部分，根据弱变异准则，只要事先确定导致 C 与 C′产生不同值的测试数据组，则可将程序在此测试数据组上运行，而并不实际产生其变异因子。

在弱变异的实现中，关键的问题是确定程序 P 的组成部分集合以及与其有关的变换。组成部分可以是程序中的计算结构、变量定义与引用、算术表达式、关系表达式以及布尔表达式等。

(1)变量的定义与引用。这种变异一般是采用变量替换。例如，语句：A＝B；可以将 A 和 B 换成其他变量。

(2)算术表达式。设 exp 是一个表达式,一般将其变换成 exp+C 或者C * exp。

(3)关系表达式。exp_1 r exp_2 是关系表达式,这里 exp_1 和 exp_2 是算术表达式,r 是关系运算符。r 是出错率最高的,而且也难以发现。例如,＜变换成＜＝、＜＝变换成＜、＞变换成＞＝、＞＝变换成＞等。

(4)布尔表达式。可以采用耗尽测试或随机测试的方式来进行变换。

弱变异测试方法的主要优点是开销较小,效率较高。然而,无论是强变异测试还是弱变异测试,由于在实际使用过程中对所变异的故障类型难以掌握:要么所涉及的故障太多,导致实际测试这些故障是不可能的;要么涉及的故障太少,以至于对实际故障的检测起不了什么作用。因此,就目前的应用情况来看,变异测试有很大的局限性。

第5章　软件生命周期中测试的实施

在第1章中，已经介绍了通用V模型，该模型用来描述软件生命周期中测试的实施。从通用V模型中可以看到，测试的实施贯穿整个软件生命周期。测试的准备阶段（测试的计划、控制、分析及设计）开始得较早，与开发过程是并行的；测试的实施阶段由单元测试、集成测试、系统测试和验收测试等一系列不同级别的测试组成。这些测试的设计对应于开发过程中不同的阶段。

本章主要介绍单元测试、集成测试、确认测试、系统测试、验收测试、回归测试和软件自动化测试的基本概念，并对这些测试中应注意的细节进行讨论。此外，还介绍了软件测试实施过程中常用工具的使用方法。

5.1　软件生命周期

一个软件产品或软件系统也要经历孕育、诞生、成长、成熟、衰亡等阶段，即为软件生命周期。通常将软件生命周期分为以下几个阶段。

1. 制订计划

此阶段是软件开发方与需求方共同讨论，主要确定软件的开发目标，给出其功能、性能、可靠性及接口等方面的要求。

2.需求分析

在确定软件开发可行的情况下,软件开发人员与用户密切配合,对软件需要实现的各个功能进行详细分析,然后编写出软件需求说明书或系统功能说明书。

3.软件设计

软件设计一般分为概要设计和详细设计,概要设计主要将确定的各项功能需求转换成需要的体系结构,实现模块与功能需求相对应;而详细设计则对模块所完成的功能进行具体描述。

4.程序编码

将软件设计的结果转换成计算机可运行的程序代码。在程序编码中必须要制定统一、符合标准的编写规范,保证程序结构清晰易读,并且与设计一致。

5.软件测试

在设计测试用例的基础上检验软件的各个组成部分并加以纠正。在测试过程中需要建立详细的测试计划并严格按照测试计划进行测试,以减少测试的随意性。

6.运行维护

软件开发完成并投入使用后,便进入运行与维护,是软件生命周期中持续时间最长的阶段。软件在运行过程中可能由于多方面的原因,需要对其修改,如运行中发现隐含的错误、为适应需求增加功能等。软件的维护包括纠错性维护和改进性维护两个方面。

5.2　单元测试

单元测试又称模块测试，是针对软件设计的最小单位——程序模块进行正确性检验的测试工作。目前业界已经研究出很多单元测试工具，但这些工具并没有完全满足单元测试的需要，仍处在发展之中。

5.2.1　单元测试的相关概念

单元测试的分工大致如下：一般由开发组在开发组组长监督下进行，保证使用合适的测试技术，根据单元测试计划和测试说明文档中制定的要求，执行充分的测试；由编写该单元的开发组中的成员设计所需要的测试用例，测试该单元并修改缺陷。在进行单元测试时，最好要有一个专人负责监控测试过程，见证各个测试用例的运行结果。当然，可以从开发组中选一人担任，也可以由质量保证代表担任。

充分的单元测试不但能够使得开发工作变得更轻松，而且会对设计工作的改进提供帮助，甚至大大减少花费在调试上面的时间。

1. 单元测试中单元的内涵

“单元”这一概念，在不同编程语言环境下的含义是不同的。在面向过程的语言（如C语言等）中，一般指函数或过程；在面向对象的语言（如C++、Java等）中，单元一般指类本身，如果类的成员函数较为复杂，也可以作为单元处理。

2. 单元测试的必要性

单元测试是软件测试的基础，主要目的是验证程序能够按详细设计说明正确地工作，以及尽早发现错误。根据 Beizer 的研究，软件开发历史上最臭名昭彰的错误大都是单元错误。目前，单元测试已经被公认为是软件开发过程中的一个关键步骤。在系统测试阶段，发现一个错误，定位和修复问题的代价非常大，而在单元测试阶段，一般都可以迅速定位错误并加以修改。因此单元测试能够简化错误检测，减少开发时间和成本，提高软件质量。

此外，单元测试可以验证代码与详细设计是否一致，其他测试无法完成这项任务。

3. 单元测试的主要依据不仅是被测代码

被测代码在测试前很可能存在错误，还有可能没有完成详细设计规定的任务。此时如果仅仅依据被测代码设计测试用例，则可能将这些错误当作正确情况，导致测试无法发现错误或造成时间和精力的浪费(例如，对代码中不符合详细设计的部分进行测试)。因此，单元测试首先应依据软件的详细设计来编写单元测试用例并进行测试。

5.2.2 单元测试环境

单元测试环境的建立是单元测试工作进行的前提和基础，在测试过程中所起到的作用不言而喻。显然，单元测试的环境并不一定是系统投入使用后所需的真实环境。那么，应该建立一个什么样的环境才能够满足单元测试的要求呢？本节将向读者介绍如何建立单元测试的环境。

在执行单元测试的过程中，因为被测单元不一定是一个可单独执行的程序或模块，所以一般而言还必须对该单元的测试构造合适的测试环境，即需要额外开发一些辅助模块，模拟与被测模块相联系的其他模块。一般而言，单元测试的环境构成如图 5-1 所示。

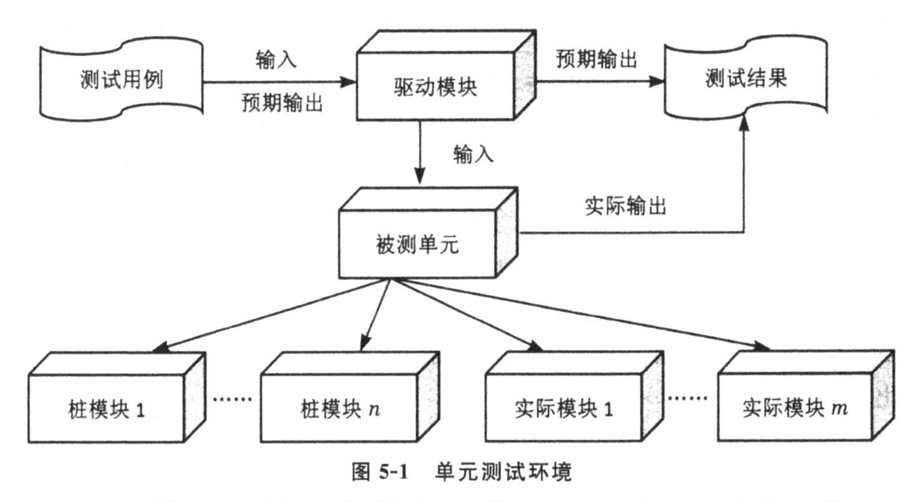

图 5-1　单元测试环境

驱动模块(函数)和桩模块(函数)是最主要的两种辅助模块，它们对于构造测试环境都是不可或缺的。

1. 驱动模块

驱动模块(Driver)用以调用被测模块，使被测的模块得到执行。在绝大多数情况下，驱动模块执行的任务是：接收测试数据，把数据传送给待测模块，然后从待测模块获取返回的数据，并输出测试的结果。通常，测试用例就是在驱动模块中实现的。

2. 桩模块

一般而言，被测模块中难免调用其他的模块，桩模块(Stub，也称存根模块)就是用以替代被测模块所调用的那些模块。桩模块的接口与其替代的模块完全一致，但其中功能非常简单，且不包含错误，一般仅返回所需的数值。

桩模块的作用如下：首先是隔离缺陷。在用桩模块替代被测模块调用的模块后，如果测试中发现问题，则问题肯定出在被测模块的内部。其次，可以用桩模块来模拟一些被调模块难以出现的情况(例如，数量很大的网络连接)，减低测试的费用。此外，在被测模块所调用的模块还没有完成开发时，也经常使用桩模块。

驱动模块和桩模块都属于必须开发但又不能和最终软件一

起提交的软件，如果驱动模块和桩模块很简单的话，则开发的额外开销较低。但简单的模块对单元测试也会造成测试不充分的影响。完整的测试一般都要留到集成测试时完成。

为了确保可以高质量完成单元测试，在设计桩模块和驱动模块的时候最好多考虑一些环境因素（所有的潜在输入和实际环境的代表物都需要考虑），如系统时钟、文件状态、单元加载地点，以及与实际环境相同的编译器、操作系统、计算机等，这些都要在测试设计过程中给予关注。

3.驱动模块和桩模块的设计

（1）一般设计原则。

1）应考虑到测试结论的有效性决定于单元测试环境下模拟目标环境执行的精确度，即应能考虑到测试用例执行所应满足的所有环境因素。

2）应充分考虑到测试过程的迭代性，使驱动模块和桩模块在回归测试中尽量能不经修改直接使用，提高重用性，进而提高回归测试效率。

（2）驱动模块功能要求。

1）利用已有的测试用例，接收测试的输入数据。

2）将测试数据传递给被测单元。

3）打印和输出测试用例的相关结果，判断测试是通过还是失败。

4）通过测试日志文件记录测试过程，便于后续数据保存和分析。

（3）桩模块功能要求。

1）在特定条件下完成原单元的基本功能。

2）能够被正确调用。

3）有返回值。

4）不包含原单元的所有细节。

在建立单元测试环境时，除了会需要一些桩模块和驱动模块以便使被测对象能够运行起来之外，还要模拟生成测试数据或状态，为单元运行准备动态环境。为了便于测试工作的顺利开展，最好还要考虑对测试过程的支持，例如，测试结果的统计、分析和保留、测试覆盖率的记录等。

5.2.3 单元测试分析

在进行单元测试分析时，主要从以下几个方面进行考虑。

1. 模块接口

在进行软件测试时，必须输入、输出正确的内容，这样才能使测试有意义。只有数据在模块接口处正确，才能进一步开展工作。

2. 局部数据结构

往往软件错误的根源在于局部数据结构出错。之所以要对局部数据结构进行检查，主要是为了保证临时存储在模块内的数据在程序执行过程中正确、完整，所以应当认真地设计测试用例。

3. 独立路径

单元测试的一个基本任务是保证模块中每条语句至少执行一次。使用基本路径测试和循环测试有助于发现程序中因计算错误、比较不正确、控制流不适当而造成的错误。

4. 出错处理

一个好的设计应当能够预见各种出错条件，具备适当的出错处理机制，即预设各种出错处理通路。出错处理能力是软件功能的重要组成部分，它保证了软件在运行出错时能够得到及时的补救，保证其逻辑上的正确性。出错处理机制是如此重要，应当对其进行认真的测试。

5.边界条件

软件时常会在边界上失效,边界测试运用边界值分析技术对边界值及其左右设计测试用例,可以帮助发现错误。这是最后也是最重要的一项任务。

6.其他测试分析的指导原则

1)验证测试结果的正确性。
2)使用反向关联检查。
3)交叉检查结果。
4)强制一些错误发生。

5.2.4 单元测试步骤

前面已经了解了有关单元测试的一些常识性知识,下面简单介绍一下单元测试的过程。单元测试的过程就是在编写测试方法之前,首先考虑如何对方法进行测试,然后编写测试代码;然后就是运行某个测试,或者同时运行该单元的所有测试,确保所有测试都通过。目的就是,在不直接引入 Bug 的同时,也不会破坏程序的其他部分。最后就是检查和分析测试结果。读者可能担心这样会很麻烦,其实现在有很多单元测试工具可供开发人员使用,能够大大简化测试过程。相比较而言,专业测试人员则应该关注整个测试过程。但二者的出发点和实质是一样的,都是为了达到使软件质量能够得到保证的目标。图 5-2 从宏观的角度概括了单元测试的工作过程。

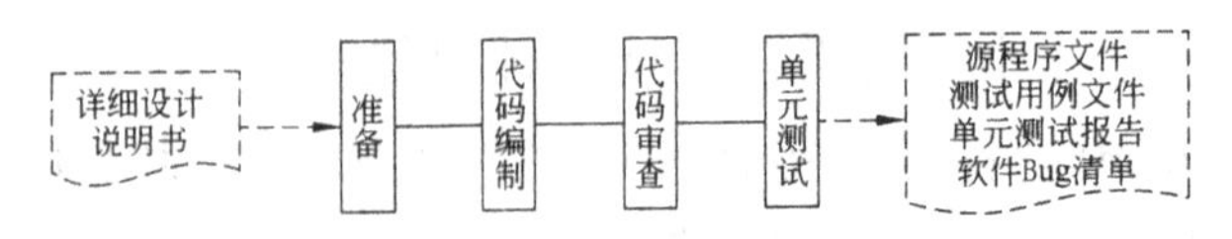

图 5-2 单元测试工作过程

1. 单元测试进入和退出准则

单元测试进入和退出准则见表 5-1、表 5-2。

表 5-1　进入准则

要素	判断准则
详细设计说明书	经过审查，获得批准
单元测试用例	进入配置库

表 5-2　退出准则

要素	判断准则
源代码文件	源代码文件获得批准
源代码文件清单	源代码文件进入配置库的源代码区 测试用例源代码通过同级评审
软件 Bug 清单	提交测试负责人
单元测试报告	提交软件产品配置管理

注：与代码相关的数据文件、修改日志、编译环境文件和源程序文件清单也包含在源代码文件中。

2. 单元测试过程

(1)准备阶段。

1)根据程序员的实际水平进行有关编程语言、编程规范、编程方法、编程工具、调试方法、配置管理等方面的培训。

2)根据测试人员的实际水平进行有关测试方法、测试工具、问题汇报方法等方面的培训；有关被测产品的功能培训。

3)准备开发及测试工具和环境，如有必要在各编码组内对临时的编译环境和调试方法进行约定。

4)对详细设计说明书需要做进一步确认工作，保证接口、工作流程的一致性。如果是多人参与开发，还需根据实际情况对参与人员进行设计讲解工作。

5)根据单元划分情况编写单元测试用例,并审查是否达到测试需求。

(2)编制阶段。

1)程序员依据详细设计,进行程序单元的编制工作(包括建立相关的构造环境),并调试和检查。

2)在更正测试问题时,修改源码和测试用例,提交新的源码文件。

(3)代码审查阶段。

1)将编制的源代码文件进行静态代码审查,填写代码审查表(作为单元测试报告附录形式提交)。

2)在代码审查阶段,必须执行的活动有以下几个项目:

①检查算法的逻辑正确性。

②模块接口的正确性检查。

③输入参数的正确性检查。

④调用其他方法接口的正确性。

⑤保证表达式、SQL 语句的正确性;检查所编写的 SQL 语句的语法、逻辑的正确性。

⑥检查常量或全局变量使用的正确性。

⑦表示符定义的规范一致性。

⑧程序风格的一致性、规范性。

(4)单元测试阶段。从配置库获取源码文件,设计测试用例,执行测试用例,并利用相关测试工具对单元代码进行测试,将测试结论填写到单元测试报告和软件 Bug 清单中。

把软件 Bug 清单和测试用例执行结果提交测试负责人,并纳入质量管理。对源码文件进行的测试,视程序存在缺陷的情况,可能要重复进行,直至问题解决。

单元测试的执行者,一般情况下可由程序的编码者进行,特殊情况可由独立于编码者的测试人员进行。

(5)评审、提交阶段。对源代码文件进行同级评审,给出评审结论(由审查人员填写产品批准表),并将其提交配置库中。

上述过程完成后，开发人员应提交源代码、代码清单、单元测试用例代码及单元测试报告。测试人员提交该版本的软件 Bug 清单。代码审查人员提交产品批准表。

上面所列出的测试环节可供读者参考，在具体的单元测试过程中可能会因实际工作要求的不同和具体单元测试目标的不同会有所增加、补充或修改，当然也有一些公司内部会专门规定相关的单元测试流程和单元测试规范。

5.3　集成测试

集成测试主要针对经过单元测试后的模块组成的子系统或部件。从本质上看，集成测试基本上都是测试接口之间的关系。

集成测试主要可以检查诸如两个模块单独运行正常，但集成起来运行可能出现问题的情况；而这种情况在实际工作中是常见的。

5.3.1　集成测试的相关概念

1. 集成测试与开发的关系

为了使读者更好地了解集成测试与开发的关系，图 5-3 给出了软件基本结构图。

软件产品的层次、构件分布、子系统分布为集成测试策略的选取提供了重要的参考依据，从而可以减少集成测试过程中桩模块和驱动模块开发的工作量，促使集成测试快速、高质量地完成。而集成测试可以服务于架构设计，可以检验所设计的软件架构中是否有错误和遗漏，以及是否存在二义性。集成测试和架构设计二者也是相辅相成的关系。

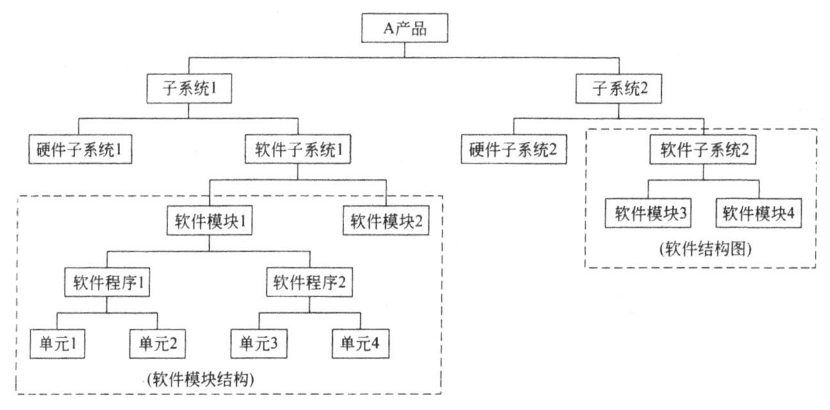

图 5-3 软件基本结构图

2. 集成测试环境

搭建集成测试环境时,通常从以下几个方面考虑:

硬件环境;操作系统环境;数据库环境;网络环境;测试工具运行环境;其他环境。

5.3.2 集成测试策略

集成测试涉及多对模块、多个接口,设计测试用例时需在每次测试所涉及的接口数量和总测试用例数之间达到某个平衡,从而产生对单个集成测试和接口遍历顺序的测试设计。

1. 自顶向下集成测试

自顶向下集成(Top-Down Integration)方法从最顶层模块(主控模块)开始,沿着软件的控制层次向下扩展,逐渐把各个模块结合起来进行测试。

在这种集成方式中,每层程序调用的下一层程序单元都要编写桩模块并加以替代。整个集成可以按深度或广度优先进行,采用前者可以快速验证一个子系统的完整功能。

1)深度优先。按照结构,用一条主控制路径将所有模块组合起来。

2)广度优先。把每层中所有直接从属于上一层的模块集成起来，再逐层组合所有下属模块，在每一层水平地沿着移动。

以图 5-4 所示的功能模块划分为例，分别按自顶向下深度优先和广度优先方法进行集成测试。

深度优先和广度优先的集成步骤分别如图 5-5 和图 5-6 所示。图中的 S_E 指 E 模块的桩模块，以此类推。

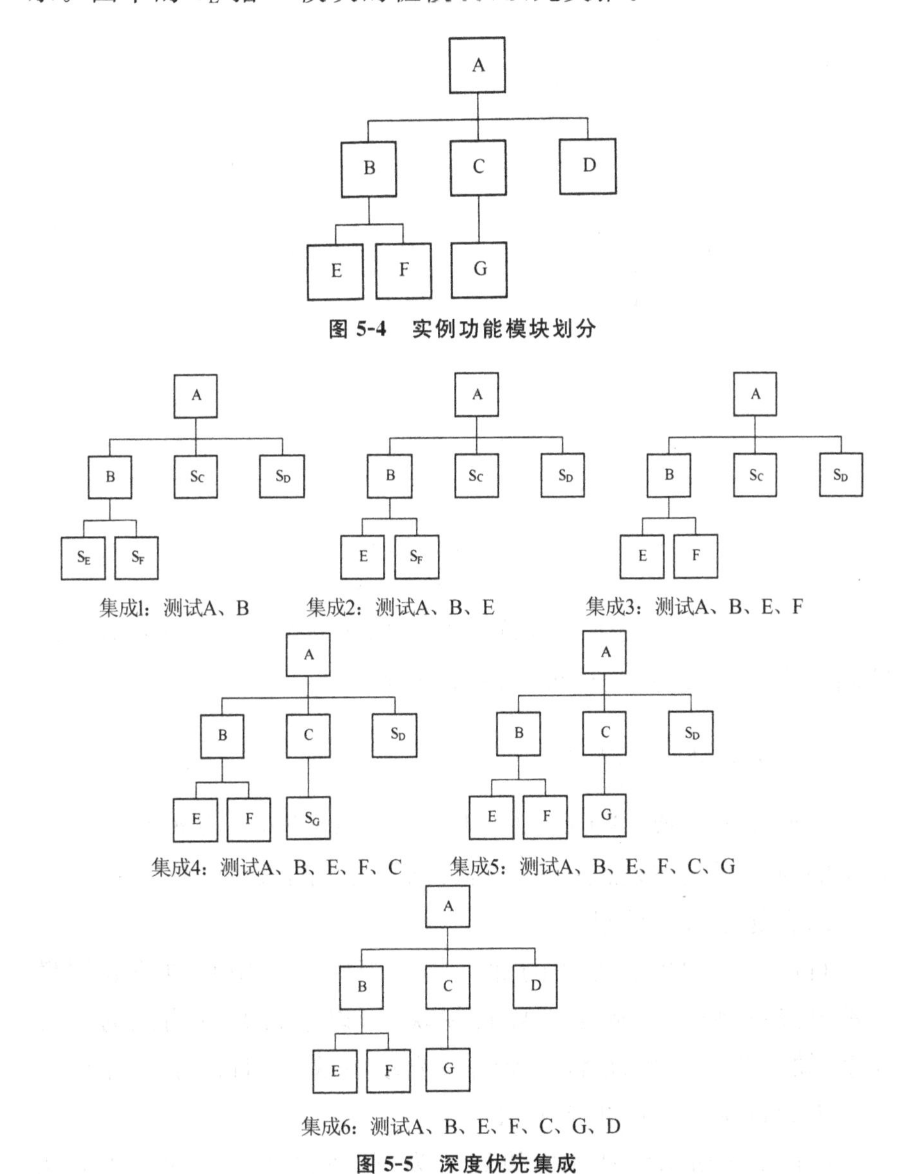

图 5-4　实例功能模块划分

图 5-5　深度优先集成

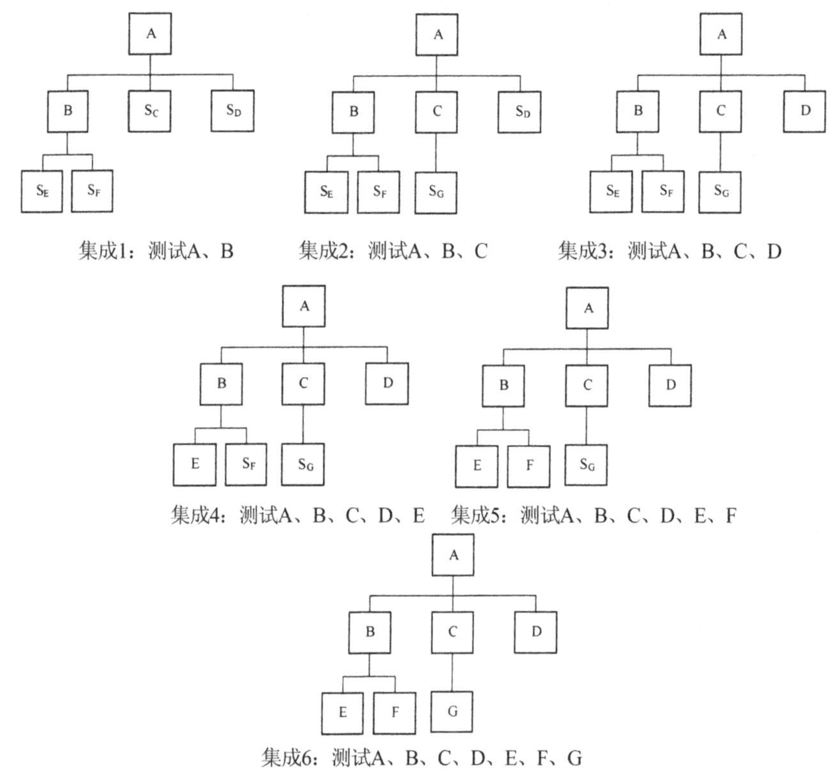

图 5-6　广度优先集成

自顶向下的集成方法的优点是可以较早验证主程序的功能，缺陷隔离较好；缺点是桩模块的开发量比较大。

2. 自底向上集成测试

自底向上集成(Bottom-Up Integration)方法是从软件结构最底层的模块开始，按照接口依赖关系逐层向上扩展，逐渐把各个模块结合起来进行测试。

自底向上的集成方法的优点是每个模块调用其他的底层模块都已经过测试，因此不需要桩模块，可以进行并行测试的部分较多；缺点是每个模块都必须编写驱动模块，并且缺陷的隔离和定位不如自顶向下的集成方法。

以图 5-4 所示的功能模块划分为例，按自底向上的集成方法进行集成测试。

按自底向上的集成方法的集成步骤如图 5-7 所示，图中的 D_E 指 E 模块的驱动模块，以此类推。

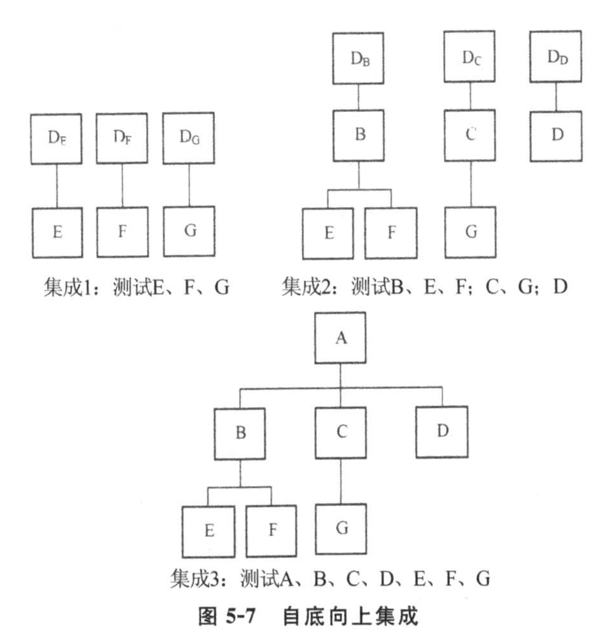

图 5-7　自底向上集成

必须指出，图 5-7 给出的自底向上集成方法仅是一种参考，实际工作中应灵活变化。如果需要加强缺陷定位的力度，可以在集成中适当加入桩模块，而非直接将实际模块进行集成。

3. 三明治集成测试

三明治集成方法（Sandwich Integration）是一种将自顶向下测试与自底向上测试两种模式有机结合起来，是从两头向中间集成。具体而言，对底层模块采用自底向上的集成方法，对顶层模块采用自顶向下的集成方法进行测试。

三明治集成方法充分结合了自底向上和自顶向下集成方法的优点，将两种方法混合起来使用。

以图 5-7 所示的功能模块划分为例，按三明治集成方法进行集成测试。按三明治集成方法的集成步骤如图 5-8 所示。

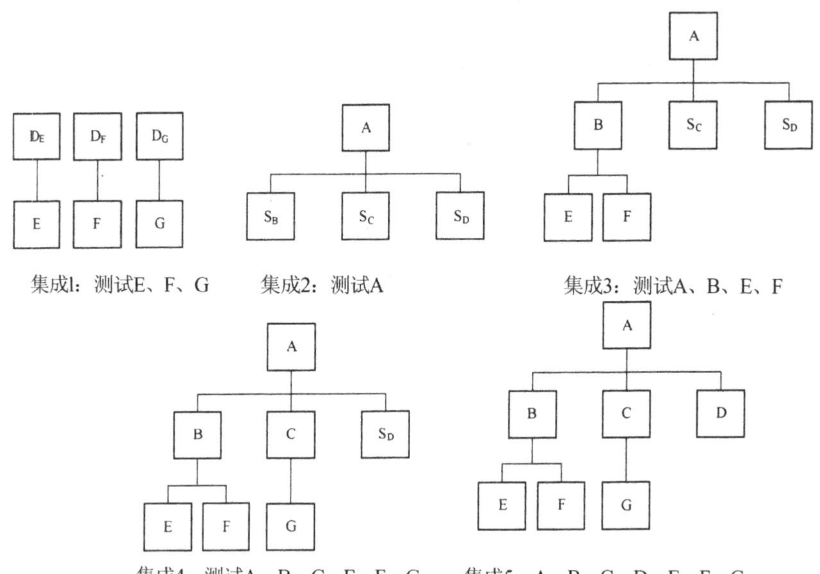

图 5-8 三明治集成

三明治集成方法结合了自顶向下和自底向上集成的优势，但还具有以下不足：

1)中间的目标层可能得不到充分的测试。

2)需要同时开发桩模块和驱动模块，这部分工作量可能是相当惊人的。

3)需在子树上进行大爆炸集成，一旦发现缺陷，由于涉及的接口数量较多，增加了缺陷定位难度。

4. Smoke 方法

在开发软件产品时，Smoke 方法是一种常用的集成测试方法。Smoke 方法是时间关键性项目的步进机制，能够让软件团队频繁地对项目进行评估。Smoke 测试方法包括下列活动：

1)将已经转换为代码的软件构件集成为构造(Build)。一个构造包括所有的数据文件、库、可复用的模块，以及实现一个或多个产品功能所需的工程化构件。

2)设计一系列测试，以暴露影响构造正确地完成其功能的各种错误。

3)每天将该构造与其他构造,以及整个软件产品集成起来进行冒烟测试。

5.3.3　集成测试分析

1. 接口分析

接口的划分要以概要设计为基础,一般通过以下几个步骤来完成:

1)确定系统的边界、子系统的边界和模块的边界。

2)确定模块内部的接口。

3)确定子系统内模块间的接口。

4)确定子系统间的接口。

5)确定系统与操作系统的接口。

6)确定系统与硬件的接口。

7)确定系统与第三方软件的接口。

2. 可测试性分析

系统的可测试性分析应当在项目开始时作为一项需求提出来,并设计到系统中去。在集成测试阶段,分析可测试性主要是为了平衡随着集成范围的增加而导致的可测试性下降。尽可能早地分析接口的可测试性,提前为测试的实现做好准备。

3. 集成测试策略的分析

集成测试策略分析主要是根据被测对象选择合适的集成策略。一般来说,一个好的集成测试策略有以下特点:

1)能对被测对象进行比较充分的测试。

2)能使模块与接口的划分清晰明了。

3)要使投入的集成测试资源大致合理。

集成测试一般采用的是介于白盒测试和黑盒测试之间的灰

盒测试，综合使用了白盒测试和黑盒测试中的测试分析方法。一般而言，在经过集成测试分析之后，测试用例的大致轮廓已经确定。集成测试用例设计的基本要求是充分保证测试用例的正确性，保证测试用例无误地完成测试项既定的测试目标，满足相应的测试覆盖率要求。

5.4 确认测试

确认测试（Validation Testing）是在模拟的环境下，运用黑盒测试的方法，验证被测软件是否满足需求功能说明书列出的确认准则或真实环境下的使用条件。

确认测试的测试时机根据项目的实际情况，安排在系统测试之后和之前进行均可以。

5.4.1 确认测试的准则

实现软件确认要通过一系列黑盒测试，确认测试同样需要制订测试计划和过程。经过确认测试，应该为已开发的软件给出结论性的评价。

1）经过检验的软件功能、性能及其他要求均已满足需求规格说明书的规定，因而可认为是合格的软件。

2）经过检验发现不满足软件需求说明的要求，用户无法接受。必须与用户协商，寻求一个妥善解决问题的方法。

5.4.2 确认测试的步骤

确认测试包括有效性测试和软件配置审查。

1. 有效性测试(功能测试)

使用黑盒测试的方法对系统功能进行检查。首先制订测试计划,规定测试的种类。其次制订一组测试步骤,描述具体的测试用例。

通过实施预定的测试计划和测试步骤,确定软件的特性是否与需求相符,确保所有的软件功能需求都能得到满足,所有的软件性能需求都能达到,所有的文档都是正确且便于使用的。

2. 软件配置审查

确认测试的另一个重要环节是配置复审,也称作配置审计。复审的目的在于保证软件配置齐全、分类有序,并且包括软件维护所必需的细节,用以支持以后的软件维护工作。

1)用户手册。用于指导用户如何安装、使用软件和获得服务与援助的相关资料。

2)操作手册。软件中进行各项使用操作的具体步骤和程序方法。

3)设计资料。设计说明书、源程序以及测试资料等。

5.5 系统测试

系统测试是将已经集成好的软件系统,与计算机硬件、某些支持软件、数据和人员等其他系统元素结合在一起,在实际运行环境下,对计算机系统进行一系列的集成测试和确认测试。

5.5.1 系统测试分析

在做系统测试分析时,通常从以下几个层次进行:

1.用户层

用户层的测试主要围绕着用户界面的规范性、友好性、可操作性、系统对用户的支持以及数据的安全性等方面展开,还应注意可维护性测试和安全性测试。

2.应用层

应用层的测试主要是针对产品工程应用或行业应用的测试。从应用软件系统的角度出发,模拟实际应用环境,对系统的兼容性、可靠性、性能等进行测试。

3.功能层

功能层的测试是要检测系统是否已经实现需求规格说明中定义的功能,以及系统功能之间是否存在类似共享资源访问冲突的情况。

4.子系统层

子系统层的测试是针对产品内部结构性能的测试。

5.协议/指标层

协议/指标层的测试是针对系统所支持的协议,进行协议一致性测试和协议互通测试。

5.5.2 系统测试环境

软件测试环境的搭建是软件测试实施的一个重要阶段和环节。在软件开发过程中,创建可复用的软件构件库,对于提高开发质量、减少开发费用、保证开发进度有极重要的辅助作用。同样的,测试人员也可以用构建软件测试环境库的方式来实现软件测试环境的复用,节省测试时间。

5.5.3 系统测试的步骤

系统测试的流程如图 5-9 所示。

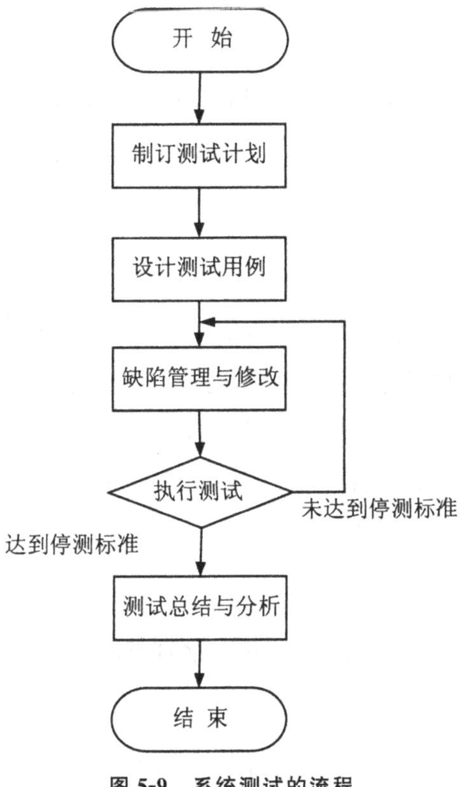

图 5-9 系统测试的流程

1. 制订系统测试计划

系统测试小组各成员共同协商测试计划。测试组长按照指定的模板起草系统测试计划。该计划主要包括测试范围、测试方法、测试环境与辅助工具、测试完成准则以及人员与任务表。

2. 设计系统测试用例

测试设计步骤如下:理解软件和测试目标;设计测试用例;运行测试用例并处理测试结果;评估测试用例和测试策略。

测试设计步骤是循环的，并且每一步骤都可以返回前面的任何一个步骤，即使单独一个测试用例也可能多次经过以上步骤。

3. 执行系统测试

1）系统测试小组各成员依据系统测试计划和系统测试用例执行系统测试。

2）系统测试小组各成员将测试结果记录在系统测试报告中，用“缺陷管理工具”来管理所发现的缺陷，并及时通报给开发人员。

4. 缺陷管理与改错

1）从第 1 步至第 3 步，任何人发现软件系统中的缺陷时都必须使用指定的“缺陷管理工具”。该工具将记录所有缺陷的状态信息，并可以自动产生缺陷管理报告。

2）开发人员及时消除已经发现的缺陷，并进行回归测试，以确保不会引入新的缺陷。

5.6 验收测试

前面介绍的单元测试、集成测试和系统测试，其测试活动都是由产品开发者负责的，在交付用户之前进行。但是，在安装和使用软件前，还必须执行另一个测试级别——验收测试。验收测试和系统测试的最主要区别在于：系统测试是在开发环境下进行的，而验收测试是在客户的真实操作环境下执行的。

5.6.1 验收测试的相关概念

1. 验收测试的内涵

验收测试是软件测试部门对通过项目组内部执行的单元测

试、集成测试和系统测试后的软件所进行的测试,测试用例采用项目组的系统测试用例子集,或者由验收测试人员自行决定测试内容。

2. 验收测试的关注点

验收测试的关注点在于客户的观点和判断。如果软件是为指定客户开发的,那么验收测试就更为重要。验收测试通常情况下需要客户的参与,甚至客户可以完全负责验收测试。

3. 验收测试并不限定在测试阶段的最后执行

验收测试也可以在多个测试级别中执行。例如商业软件在安装或集成时就进行验收测试、单元测试阶段针对模块的可用性进行验收测试、系统测试之前进行新功能的验收测试等。

5.6.2 验收测试的主要形式

1. 根据合同进行的验收测试

如果软件是客户定制的,客户和开发方应根据合同执行验收测试。客户在验收测试结果的基础上判断软件是否存在缺陷,合同中定义的服务是否已经满足。

这种验收测试的测试准则是开发合同中定义的验收准则。此外,还必须明确遵守相关的规则,例如政府、法律、安全方面的标准和规范。一般而言,软件开发者应该在系统测试阶段就检查这些标准,在验收测试时,只需重复执行相关测试用例。但由于开发组织和客户之间有可能在验收标准的理解上产生差异,因此客户设计或评审验收测试用例是很重要的。

2. 用户验收测试

在客户和最终用户不同的时候(例如最终用户是定制软件的

客户的产品销售对象等情况)，还需要执行用户验收测试。通常，不同的用户群对系统的期望会有所不同，因此需要对每一个用户群都组织用户验收测试。

3. 现场测试

软件开发者可以将预发布的软件的稳定版本有计划地发放给挑选好的外部用户(客户代表)，由其使用，然后从他们那里收集反馈信息。在测试中，用户可以运行开发者指定的测试场景，但更主要的是用户自由使用，并不按照测试用例进行，这样可以发现更多问题。

由客户代表执行的现场测试有两种类型：α 测试和 β 测试。下面分别加以介绍。

(1) α 测试。α 测试是用户在开发者的场所进行的。用户在开发者的指导下进行软件测试，开发者负责记录错误和使用中出现的问题。

有时，α 测试也可以在开发组织内进行，即组织内部的用户进行测试。此时，将软件发放给开发组织内部人员，由他们自由使用，并不按照测试用例进行。其过程包括以下几个步骤：

1)选择 α 测试。

2)背景知识介绍。

3)执行 α 测试。

4)记录问题和交流。

(2) β 测试。β 测试是软件在一个开发者不能控制的真实环境中进行使用，用户记录下所有在测试中遇到的问题，并定期把这些问题报告给开发者。

如果软件产品不是为特定用户开发的，则 β 测试属于外部用户的测试，即将软件产品有计划地发放给挑选好的外部用户，由其使用，然后收集反馈信息。为保证这种情况下 β 测试的有效性，需注意以下几个方面：

1)不要发布不成熟的 β 产品。

2)对参与者给予适当的激励措施。

3)建立完善的问题收集机制和交流机制。

β测试是保证软件质量的重要环节,是产品发布前的最后一道关口。在接到β测试的问题报告之后,开发者对系统进行最后的修改与回归测试,然后就可以准备向所有的用户发布最终的软件产品。

5.6.3 软件文档验收测试

软件测试是一个复杂的过程,也涉及软件开发的其他工作,因此,需要将计划、过程及测试的结论以文档的形式写出来,对软件的质量和正常运行有重要的意义。文档的验收测试,是测试工作规范化的组成部分。

测试文档由于与客户相关,所以,在需求分析阶段就需要准备。另外,为方便设计的检验,在设计阶段的设计方案也要在测试文档中体现出来。测试文档对于测试阶段的工作具有指导作用,同时,在后期运行和维护过程中,如果软件再测试或回归测试,也是需要的。测试文档会根据不同的需求不断更新,但也要遵循以下规范:

1)检查产品说明书是否完整描述产品功能。

2)检查完整性。

3)检查准确性。

4)检查精确性。

5)检查一致性。

6)检查是否贴切。

7)检查合理性。

8)检查代码无关性,是否定义的是无关产品。

9)检查可测试性。

5.7 回归测试

回归测试(Regression Testing)是在软件变更之后，对软件重新进行的测试，其目标是检验对软件进行的修改是否正确，保证改动不会带来不可预料的行为或者另外的错误。

5.7.1 回归测试的相关概念

1. 回归测试的必要性

当已有的系统发生变化、修正发现的软件缺陷或者增加新功能时，对变化的部分必须进行再测试(Retest)，但如果仅仅针对变化部分进行测试，就不能发现可能存在的由变化导致的副作用。

在软件测试中，当执行完一轮测试后，需要根据测试情况进行返工修改，再重新评审检视修改的内容，或者对修改内容执行单元测试、集成测试等，然后进行回归测试。在回归测试时，不能仅用修改部分所对应的测试用例进行测试，而要将所有相关测试用例都执行一遍，即测试时要检查确认在前面测试中发现的缺陷修复了，同时没有引入新的缺陷或引发其他问题。

2. 回归测试的范围

在进行回归测试时，必须决定回归测试的范围。下面是几种典型情况：

1)新的软件版本修正了软件缺陷后，重新运行所有发现故障的测试，也称缺陷再测试。

2)测试所有修改或修正过的程序部分，即对功能改变的测试。

3)测试所有新集成的程序，即新功能测试。

4)测试整个系统,即完全回归测试。

在情况 1)中,只进行了很少的再测试,而 2)、3)种情况中,只对修改的部分进行再测试,这样的测试往往是不够的。因为如果测试只覆盖变化部分或新的代码部分,那么测试就忽略了修改部分对没有修改部分的影响。

情况 4)是理想情况。除了对修正的缺陷和功能发生变化的部分进行再测试外,还应该重新执行已有的所有测试用例。只有这样,才能彻底测试软件修改的影响。但这样测试工作量又较大。

软件测试的原则之一就是软件测试是有风险的行为。在实际测试工作中的关键是如何把数量巨大的可能性减少到可以控制的范围。因此在回归测试过程中,需要寻找一些标准以帮助选择哪些旧的测试用例可以忽略,而不会丢失太多的信息,以此达到风险和成本的平衡。

如果对软件的更改对系统的所有部分都有影响的话,则应当运行完全回归测试;如果并非如此,则应合理地估计修改对软件的哪些部分有影响,然后将这些部分纳入回归测试之中。但对于没有充足文档或需求遗漏的系统进行估计可能会导致较大误差。

例如,可以采用下面的策略:

1)只重复测试计划中的高优先级测试。

2)在功能测试中,忽略特定的变化(一般指较特殊的情况)。

3)只针对特定配置进行测试(例如,只对英文版产品进行测试,只对操作系统的一个版本进行测试)。

4)只针对特定子系统或测试级别进行测试。

上述策略主要针对系统测试。在更低的测试级别,回归测试的范围可以基于设计或架构文档(例如,类层次)等信息做出选择。

5.7.2 软件维护测试

即使是成熟的软件系统,也常面临以下问题:

1)系统在未预料的和没有设计过的新的运行环境下运行。

2)客户增加新的功能。

3)系统面临不可预见的情况。

4)出现很少发生或系统运行很长时间发生的程序错误。

因此，软件系统部署后，根据需求变化或硬件环境的变化对应用程序进行部分或全部的修改，称为软件维护或软件支持。软件修改后需要填写《程序修改登记表》，并在《程序变更通知书》上写明新旧程序的不同之处。软件维护主要有纠错性维护、适应性维护、完善性维护或增强、预防性维护或再工程，除此以外，还有一些其他类型的维护活动，如支援性维护等。任何新的或变更的内容都应该测试，如果只是环境发生了改变，也需要做相应的测试，要求在新环境中重复操作测试。

5.7.3 软件版本开发的测试

软件开发成功后，在使用若干年的期间里，可能会对软件进行很多改变，例如，升级、动能扩展等，也有可能创建新的版本。软件产品没有随着第一版本的发布而结束，取而代之的可能是不断进行额外功能的开发，因此，版本发布后，项目重新启动，所有的项目阶段重新进行。

在渐进和快速迭代开发中，新版本的连续发布使回归测试进行得更加频繁，而在极端编程方法中，更是要求每天都进行若干次回归测试。因此，通过选择正确的回归测试策略来改进回归测试的效率和有效性是非常有意义的。

5.7.4 软件增量开发中的测试

增量开发是软件项目由一系列较小的开发和交互组成，从早期的版本到最后发布的版本，系统的功能及可靠性随着时间的推移而不断增加。在已经开发好的系统上加入新的增量，构成一个不断成长的过程。增量模型有例子原型、快速应用开发、统一过程、进化开发、螺旋模型的使用和极限编程等敏捷开发方法、动态开发方法,如图5-10所示。增量开发可以很好地适应变化,客户可以不断看到所开发的软件,并及早发现问题,降低风险。

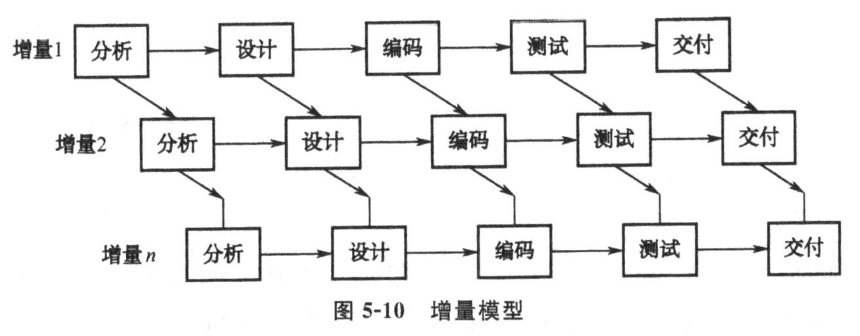

图5-10 增量模型

增量开发中不只扩展了过程式的程序和逻辑,也扩展或者修改了底层数据结构,不仅功能模块有增加,而且模块内部结构和之前有所不同,并且关联模块及其接口部分也可能受到影响。增量开发中的测试,需要针对每个组件和增量都要有可重用的测试用例,在每个增量测试中重用并更新这些测试用例,并针对新开发或更高的可靠性需求增加测试。图5-11是增量测试模型。

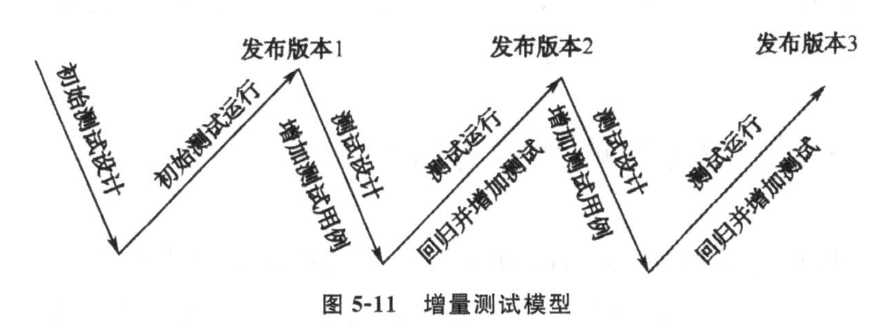

图5-11 增量测试模型

5.8 软件自动化测试

软件自动化测试是使用自动化测试工具来验证各种软件测试的需求,能完成许多手工测试无法实现或难以实现的测试,可以节省人力、时间或硬件资源,提高测试效率。

5.8.1 自动化测试的成本

成功开展自动化测试必须将自动测试的成本考虑进来。自动化测试的成本包括测试设备、测试人员、测试工具、测试环境等。

1)在测试设备方面,需要为自动化测试准备一些额外的专门设备,如测试执行的机器、数据库、文件服务器等。

2)在测试人员方面,需要抽出专职的测试人员进行软件自动测试脚本的开发,并且保证手工测试人员不受抽调的影响,即保证自动化测试的开展不影响手工测试的正常进行。

3)在测试工具方面,需要考虑引入测试工具或者开发测试工具的预算。自动化测试是离不开测试工具的,需要按时引入测试工具、开展测试工具的培训工作等。

4)在测试环境方面,针对某些特定的项目可能会选用很多第三方控件或自定义的控件,而这类控件的可测性一般都非常差,对自动化测试的条件要求非常高,成本也会随之增加,因此这类项目不建议采用自动化测试。

5.8.2 自动化测试的生命周期

所谓生命周期,是指此过程从开始到结束的整个过程。但自动化测试的生命周期并没有明确规定一定要在什么时候开始,什么时候结束。自动化测试工作可以与产品开发同时进行,并且可以与产品开发的多个发布版本重叠。自动化测试可以有多个版本,所以自动化测试的需求跨多个版本的多个阶段,与产品需求一样。测试执行可以在发布产品后不久结束,但自动化测试工作却仍然持续至产品发布之后。

首先对产品开发所包含的阶段和自动化测试阶段进行对比,并理解两者之间的相似性(见图 5-12)。

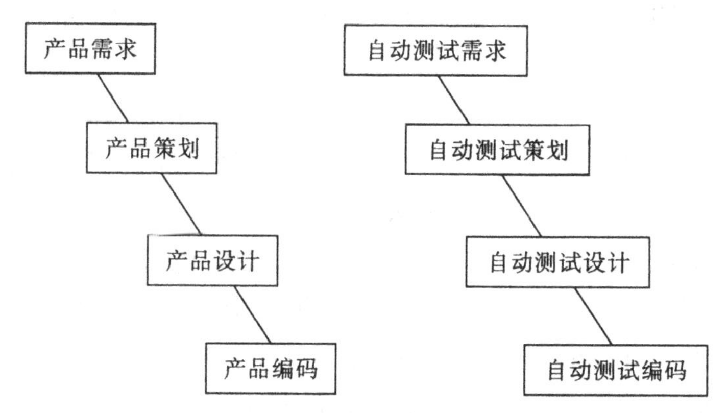

图 5-12　产品开发与自动化测试间的相似性

从图 5-12 可以看到，跟软件开发流程一样，测试自动化过程也分为自动测试需求、自动测试策划、自动测试设计和自动测试编码。

产品开发和自动化测试就像铁路的两条钢轨，沿同一方向并行铺开，并具有类似的预期。当然，产品开发和自动化测试也可以有独立的进度计划，并作为两个不同的项目进行处理。

在公司内有专门的自动化测试团队的情况下，自动化测试可以独立于产品的开发及发布。每次产品发布对应一些经过测试的可交付产品。这样，就可使用最新开发的测试包测试产品的当前发布版本。

5.8.3　自动化测试的价值

自动化测试的优点是显而易见的，可从以下两个方面加以说明。

1. 计算时间

对于早期的计算机而言，计算时间是非常宝贵的，事实上，它比人工计算的时间还要宝贵。因此，在这些系统上编程是一个非常枯燥乏味的手工过程。程序员要操作磁带、转换开关，并且要手工输入十进制或者二进制的机器操作码。随着科技的发展，程序员的聪明才智不断得以体现，计算时间更加充裕，使得成本代价的平衡发生了改变。目前，这种趋势仍在继续，并且在日益流行的高级编程语言如Java，.NET和Python中得到了印证。这些编程语言牺牲了一些计算时间，却为程序员提供了更加简便的开发环境，以及更加迅速的开发转换时间。

鉴于此，尽管对于程序分析员而言，与基于Socket的Daemon程序进行交互并且手工在程序漏洞中输入数据以发现软件缺陷是十分可行的，但是最好将人工时间花费在其他任务上。当比较模糊测试与人工审核工作如源代码审查和二进制审核时，也可以得出同样的结论。人工审核方法需要高级程序分析员花费大量的时间，而模糊测试则可以由任何人来实施。最后，自动化应当作为减少高级程序分析员工作量的第一步，使其能够像其他测试方法那样来发现缺陷。

2.可重用性

两个关键因素奠定了可重用性的重要性。

1)如果能够为一个FTP服务创建一个可重用的测试过程，那么就可以使用同一个测试过程很方便地测试其他版本的程序，即便是完全不同的FTP服务也可以。否则，需要浪费大量的时间来为每一个FTP服务重新设计并实现一个新的模糊器。

2)如果一个非寻常的事件序列在目标程序中触发了一个缺陷，那么必须再次产生整个序列以限制造成异常的特定结果。程序分析员需要创建不同的测试用例，因为它们不具备科学的可重用性。

简而言之，测试数据生成和再生成、缺陷监测等耗时耗力的工作最适合于实现自动化。像大多数计算任务一样，如果不使用工具，这些任务不大可能在任何比较大的规模上进行。所以，针对那些重复且枯燥的操作任务的测试，自动化测试是最佳的选择。

5.8.4　自动化测试工具

1. 应用自动化测试工具的目的

软件自动化测试工具是实现软件自动化测试的关键因素。一般而言，软件自动化测试都是借助测试工具来实现的。部分的测试设计、实现、执行和比较都能够通过测试工具来完成。使用工具执行人工设计的测试用例并对测试的结果进行比较、分析、判断，避免人工分析比较结果的疏漏、误差等问题。

自动化测试工具有确定最优硬件配置、检查测试的可靠性、检查软硬件的升级情况、评估新产品等作用。

自动化测试工具有以下优势：

1)记录业务流程并能自动生成测试脚本。

2)测试更精确化。

3)可模拟测试条件，生成大量虚拟用户。

4)对硬件系统进行监控。

5)可模仿网络设备。

6)可完成人工无法完成的困难测试。

7)显示并分析测试结果。

2. 自动化测试工具的概要介绍

(1)白盒测试工具。白盒测试工具是针对程序代码、程序结构、对象属性、类层次等进行测试，测试中发现的缺陷可以定位到代码行，单元测试工具多属于白盒测试工具。针对白盒测试工具，可以进一步划分为静态测试工具和动态测试工具，但像 Parasoft 公司的 Jtest 和 C＋＋Test，既是静态测试工具，也是动态测试工具。

(2)黑盒测试工具。黑盒测试工具主要是在明确了软件产品所有功能的情况下，不需要考虑软件系统的内部结构和处理过程，将整个系统看作是一个黑盒子，只对系统的输入接口及相应的功能做相应的测试，检测软件功能是否完全符合需求说明书。

(3)商业测试工具。所谓商业测试工具，是指针对各企业需求，专门开发的用于软件产品的功能及性能方面的测试的工具。此工具需要付版本费，且一般价格较昂贵，但是相对比较稳定，并且会提供相应的售后服务和技术支持。如基于 GUI 的功能自动化测试工具有 Robot、QTP、TestComplete 等。

(4)开源测试工具。开源测试工具是指此工具的开发源代码是公开发布的，此软件由自愿者开发和维护，相对商业测试工具来说，开源测试工具的最大优势是免费。目前，越来越多软件企业选择使用此工具。开源测试工具具有免费、选择余地更大、可改造性好等几大显著优势，但由于它的代码是开源的，安装和部署相对难度大一些，存在稳定性不够强等不足。

3. 自动化测试工具的选择

目前市场上专业开发软件测试工具的公司很多，比如 MI 公司、IBM Rational 公司等。在本节中主要介绍这些公司生产的主要产品，并简单介绍在特定需求下如何去选择相应的测试工具。

(1)软件测试产品。

1)HP Mercury 公司产品。

MI 全称为 Mercury Interactive，目前被惠普公司(以下称 HP)收购，此公司是做软件测试工具的佼佼者。MI 开发的软件测试工具占据了绝对主导的地位，下面简单介绍几种：

①LoadRunner 工具。该工具主要用于对软件产品的性能测试，是一种预测系统行为和性能的负载测试工具。LoadRunner 是一种跨平台的测试工具，可以在 Windows、Linux 等多种操作系统中进行安装运行，目前，LoadRunner 9.50 为主流版本。

②WinRunner 工具。该工具是 MI 公司开发的一款功能测试工具，是基于微软的 Windows 操作系统的，通过脚本录制和回放的基本步骤进行自动化的功能测试。但自从 2006 年 HP 收购了 MI 公司后，WinRunner 逐渐被另一款功能测试工具 QTP 取

代，目前 HP 已宣布停止支持所有版本的 WinRunner。

③TestDirector 工具。TestDirector 简称为 TD，属于一种企业级测试管理工具，也是业界第一个基于 Web 的测试管理系统，可以实现需求管理、测试计划管理、用例管理、缺陷管理。TD 能与 MI 公司的其他测试工具(如 QTP、LoadRunner 等)很好地集成，并具有强大的图表统计功能，能自动生成丰富的统计图表。但 MI 被 HP 收购后，HP TestDirector 便被 HP Quality Center 取代。TestDirector 是 B/S 结构，只需在服务器端安装软件，所有的客户端就可以通过浏览器访问 TestDirector，方便所有相关人员的合作和沟通交流。

④Qc 工具。Qc(Quality Center)是 HP 收购 MI 公司后推出的一款 TestDirector 升级产品，是在 J2EE 平台上开发的。Qc 在功能上与 TD 几乎没区别，功能参考 TD 的介绍。

⑤QTP 工具。QTP 全称为 QuickTest Professional，是 MI 公司的一款功能测试工具，提供创建和回归测试功能，它通过自动捕捉、验证和重放用户的交互操作来完成自动化测试过程。QTP 主要是通过关键字驱动的技术来对被测项目进行测试和维护，并会自动生成自动化测试脚本。目前，QTP 最新版为 12.0，HP 公司将 QTP 改名为 UFF(Unified Function Test，统一功能测试)。

2)IBM Rational 公司产品。

IBM Rational 原来叫作 Rational，后被 IBM 收购而改名。IBM Rational 公司开发的软件测试工具所占市场份额仅仅次于 Mercury 公司。IBM Rational 公司除了做软件测试工具外，在软件工程其他领域也占据不少市场，如 Rational RequisitePro(需求管理产品)、Rational Rose(建模工具)等。IBM Rational 公司的软件测试工具主要有 4 款：Rational TestManager(测试管理工具)、Rational CleaQuest(缺陷管理工具)、Rational Robot(功能/性能工具)、Rational Purlfy(白盒测试工具)。

3)Compuware 公司产品。

Compuware(康博)软件公司是世界五大独立软件供应商之

一，它为全球计算机用户的应用系统提供从开发、集成、测试、运行、管理到维护的全方位保障和服务。其公司开发的测试工具主要有 QACenter（测试管理）、TrackRecord（缺陷管理）、QARun（功能）、QALoad（性能）和 DevPartner（白盒测试）。这些测试工具在国内还不是很流行，但在欧美很普及。

4）其他公司产品。

除了上述公司外，还有很多公司开发了自己使用的测试工具，如微软公司的 WAS（性能测试），RadView 公司的 WebLOAD（性能测试）、TestView Manager（测试管理），Parasoft 公司的 JTest（白盒测试）、C＋＋Test（白盒测试）等。

（2）如何选择软件测试工具。如前面介绍，市场上软件测试工具琳琅满目，究竟如何选择合适的软件测试工具呢？这一问题经常使公司的领导者困惑。

如何选择工具？这并没有统一的标准，要视具体情况而定，在这里主要分享一些通用的规律。选择一个产品，不外乎针对自己的需求、不同产品的功能、价格、服务等进行比较分析，选择比较适合自己的、性能价格比好的两三种产品作为候选对象。

1）如果是开源工具，就需要分别试用一段时间并进行评估，然后集体讨论、做出决定。

2）如果是商业工具，比较好的方法就是请这两三种产品的商家来做演示，并让他们通过工具实现几个比较难或比较典型的测试用例。最后，根据演示的效果、商业谈判的价格、产品功能和售后服务等进行综合评估，做出选择。

在选择测试工具时，需要关注工具自身的特性，即具备哪些功能，功能强大的工具会得到更多的关注。当然也不是说，功能越强大越好，在实际的选择过程中，预算是基础，解决问题是前提，质量和服务是保证，适用才是根本。为不需要的功能花钱是不明智的，够用就可以了。同样，仅仅为了省几个钱，忽略了产品的关键功能或服务质量，也不能说是明智的行为。

第6章　面向对象软件测试

当前，面向对象的软件开发方法已被广泛应用，人们对软件质量也提出了更高要求。面向对象软件的测试方法作为验证面向对象软件质量的主要手段，也得到了人们的广泛重视。面向对象的封装性、继承性、多态性等特性，提高了软件的可重用性，便于软件团队协作设计开发，而且易于维护和修改。但同时这些新特点也带来了新的风险，并给软件测试提出了新的挑战，使得传统的测试方法和技术已不能完全胜任面向对象的软件测试。

6.1　面向对象测试概述

面向对象程序设计语言改变了程序设计的风格，也影响了软件测试的方式和方法。面向对象体系结构导致包括相互协作类的一系列分层子系统产生。为了在类相互协作及子系统跨体系结构层次的通信中发现错误，有必要在不同的层次上测试面向对象系统。在方法上，面向对象测试与传统系统测试类似，但在测试策略和技术上都有不同之处。

6.1.1　面向对象的软件测试的基本概念

我们生活在一个充满对象的世界里，每个对象有一定的属性，把属性相同的对象进行归纳就形成类。如家具就可以看作类，其主要的属性有价格、尺寸、重量、位置和颜色等。无论我们谈论桌子、椅子还是沙发、衣橱，这些属性总是可用的，因为它们都是家具并继承了类定义的所有属性。实际上，计算机软件所创建的面向对象思想同样来源于生活。

除了属性之外，每个对象可以被一系列不同的方式操纵，它可以被买卖、移动、修改（如漆上不同的颜色）。这些操作或方法将改变对象的一个或多个属性。这样所有对类的合法操作可以和对象的定义联系在一起，并且被类的所有实例继承。我们可以用下面这个等式来描述什么是面向对象：

面向对象＝对象＋分类＋继承＋通信

6.1.2 面向对象软件简介

面向对象软件开发是目前主流的软件开发技术，正代替传统的面向过程开发方法，逐渐成为主流的软件开发方法。面向对象技术产生更好的系统结构，更规范的编程风格，极大地优化了数据使用的安全性，提高了程序代码的可重用性。

1. 对象

对象是指包含了一组属性以及对这些属性的操作的封装体。对象是软件开发期间测试的直接目标。在程序运行时，对象被创建、修改、访问或删除；而在运行期间，对象的行为是否符合它的规格说明，该对象与和它相关的对象能否协同工作，这两方面都是面向对象软件测试所关注的焦点。

2. 消息

消息是对象的操作将要执行的一种请求。除了需要一个操作的名字，消息还可包含一些值（实参），它们常常在操作被执行时使用。消息的接收者也可以将某个值返回给消息的发送者。

3. 接口

接口是行为声明的集合。从测试视角的角度看，接口封装了操作的说明,如果接口包含的行为和类的行为不相符,那么对这一接口的说明就不是令人满意的。接口不是孤立的,与其他的接口和类有一定的关系。当对一个操作进行说明时,可以使用保护性方法或约束性方法来定义发送者和接收者之间的接口。约束性方法强调前置条件也包含简单的后置条件,发送者必须保证前置条件得到满足,接收者就会响应在后置条件或类不变量中描述的请求。保护性方法强调的则是后置条件,请求的结果状态通常由一些返回值指示,返回值和每一个可能的结果联系在一起。

4. 类及类规范

类是具有相同属性和相同行为的对象的集合。类从规范和实现两个方面来描述对象。

类规范包括对每个操作的语义说明,包括前置条件、后置条件和不变量。前置条件是当操作执行之前应该满足的条件;后置条件是当操作执行结束之后必须保持的条件;不变量描述了在对象的生命周期中必须保持的条件。

类的实现描述了对象如何表现它的属性,如何执行操作。主要包括实例变量、方法集、构造函数和析构函数、私有操作集。类测试是面向对象测试过程中最重要的一个测试,在类测试过程中要保证测试那些具有代表性的操作。

5. 继承

虽然将类作为单元看起来很自然,但是继承使这种选择变得复杂。如果给定类继承了上层类的属性或操作,则要使单元满足独立编译的条件,可以使用“扁平类”方法。扁平类是将类进行扩充以包括全部继承自原始类的属性和操作。扁平类方法对于类的测试是不充分的,带有测试方法的类不是(或不应该是)交付系统的一部分。这与在传统软件中是测试原始代码还是经过处理的代码的问题非常类似。

6. 重用、封装和多态性

重用是面向对象软件开发的核心设计策略。重用必须进行单元测试。由于单元(类)可以由以前不知道的其他单元合成,因此传统的耦合和聚合概念不再适用。封装有解决这种问题的潜力,但是只有当单元(类)高度内聚且耦合非常松时,封装才能发挥作用。有时即使进行了非常好的单元级测试,真正重用时的工作还是集中在集成测试层次上。

6.1.3 面向对象软件测试和传统测试的不同

与传统的测试模型相比,面向对象的测试更关注于对象而不仅仅是完成输入输出的单一功能。因此,针对面向对象软件开发,测试活动可以更早地介入分析和设计阶段,从而更好地配合软件开发过程,减少软件设计缺陷,提高软件质量。

面向对象的测试在许多方面要借鉴传统软件测试方法中可适用的部分,并且在软件开发的具体实践中,也经常混合使用面向对象的开发方法和结构化的开发方法,因此二者存在一定的相通之处。但是,与传统方法相比,面向对象的开发方法又有新的内容和特点,从而导致二者的差异。

1. 测试的单元不同

传统软件的基本构成单元为功能模块,每个功能模块一般能独立地完成一个特定的功能。而在面向对象的软件中,基本单元是封装了数据和方法的类和对象。对象是类的实例,有自己的角色,并在系统中承担特定的责任。对象有自己的生存周期和状态,状态可以演变。对象的功能是在信息的触发下,实现对象中若干方法的合成以及与其他对象的合作。对象中的数据和方法是一个有机整体,功能测试的概念不适用于对象的测试。

2. 系统构成不同

传统的软件系统是由一个个功能模块通过过程调用关系组合而成的,而在面向对象的系统中,系统的功能体现在对象间的协作上。

相邻的功能可能驻留在不同的对象中,操作序列是由对象间的消息传递决定的。传统意义上的功能实现不再是靠子功能的调用序列完成的,而是在对象之间合作的基础上完成的。不同对象有自己的不同状态,而且,同一对象在不同的状态下对消息的响应可能完全不同。因此,面向对象的集成测试已不属于功能集成测试。

6.2 面向对象的开发对软件测试的影响

从编程语言看,面向对象编程特点对测试产生了以下影响:

1)封装把数据及对数据的操作封装在一起,限制了对象属性对外的透明性和外界对它的操作权限,在某种程度上避免了对数据的非法操作,有效防止了故障的扩散;但同时,封装机制也给测试数据的生成、测试路径的选取以及测试结构的分析带来了困难。

2)继承实现了共享父类中定义的数据和操作,同时也可以定义新的特征,子类是在新的环境中存在,所以父类的正确性不能保证子类的正确性。继承使代码的重用率得到了提高,但同时也使故障的传播概率增加。

3)多态和动态绑定增加了系统运行中可能的执行路径,而且给面向对象软件带来了严重的不确定性,给测试覆盖率的活动带来新的困难。

另外,面向对象的开发过程以及分析和设计方法也对测试产生了影响。

1)分析、设计和编码实现密切相关,分析模型可以映射为设计模型,设计模型又可以映射为代码。

2)因此,分析阶段开始测试,提炼以后可用于设计阶段,设计阶段的测试提炼后又可用于实现阶段的测试。

6.3 类测试

类测试的主要问题是:类和方法哪一个是单元。在传统软件测试中,通常将能够自身编译的最小程序块、单一过程/函数(独立)及由一个人完成的小规模工作作为单元。但在面向对象软件的测试中这一问题变得较为复杂。从技术上看,可以忽略类中的其他方法(例如可以将这些方法注释掉),但是这会带来组织上的混乱。下面给出两种面向对象单元测试的方法,使用时可以根据具体环境确定最合适的一种。

6.3.1 以方法为单元

简单地说,以方法为单元可以将面向对象单元测试归结为传统的(面向过程的)单元测试。可以使用所有动态黑盒测试和动态白盒测试技术。过程代码的单元测试需要桩和驱动程序,以提供测试用例并记录测试结果。类似地,如果把方法看做是面向对象的单元,也必须提供能够实例化的桩类,以及起驱动作用的“主程序”类,以提供和分析测试用例。

一般而言,单个方法不会太复杂,其圈复杂度总是很低。但即使圈复杂度很低,其接口复杂度也仍然很高。这意味着创建合适桩的工作量差不多与标识测试用例的工作量相同。另一个更重要的结果是,大部分负担被转移到集成测试,包括类内集成测试和类间集成测试。

6.3.2 以类为单元

以类为单元可以解决类内集成问题，但是会产生其他问题。其中一个问题与类的各种视图有关。第一种视图是静态视图，其产生的问题是继承被忽略，可通过充分扁平化了的类来解决这个问题。由于继承实际“发生”在编译时，因此可以把第二种视图（即扁平化类的视图）称为编译时间视图。第三种视图是执行时间视图。

这里可能存在的问题如下：

1）不能测试抽象类，因为它不能被实例化。

2）如果使用充分扁平化的类，还要在单元测试结束后将其恢复为原来的形式。

3）如果不使用充分扁平化的类，则为了编译类，需要在继承树中高于该类的所有其他类。

把类作为单元，在没有什么继承并且类的内部复杂度不高时最有意义。类本身应该拥有一种“有意义”的状态图，并且应该有相当多的内部消息传递。对于类级行为，“状态图”是测试用例很好的基础，特别适合以类为单元的测试。

6.3.3 类级可应用的测试方法

测试从“小型”测试开始，慢慢进展到“大型”测试。“小型”测试侧重于单个类及该类封装的方法。面向对象测试期间，常用随机测试和划分测试检查类的方法。

1. 面向对象的随机测试

为简要说明这种方法，设简单自动柜员机（SATM）的 Account 类包含如下操作 open()、setup()、deposit()、withdraw()、balance()、summarize()、creditLimit() 和 close()。其中，每个操

作均可应用于 Account 类，但隐含了一些限制(例如，账号必须在其他操作可应用之前打开，在所有操作完成之后关闭)。即使有了这些限制，仍存在很多种操作排列。一个 Account 对象的最小测试序列为：open • setup • deposit • withdraw • close。

然而，大量其他行为可以在以下序列中随机地生成一系列不同的操作序列作为测试用例，以检查不同的类实例的生存历史。

open • setup • deposit • [deposit | withdraw | balance | summarize | creditLimit]^{n} • withdraw • close

比如，随机产生的测试用例如下：

测试用例 TC1：open • setup • deposit • deposit • balance • summarize • witharaw • close

测试用例 TC2：open • setup • deposit • withdraw • deposit • balance. creditLimit • withdraw • close

2. 类级的划分测试

划分测试(Partition Testing)减少了测试类所需要的测试用例的数量。首先，用不同的划分方法，把输入和输出分类，然后对划分出来的每个类别设计测试用例。划分方法包含以下几种：

(1)基于状态划分。根据类操作改变类状态的能力进行分类。在 Account 类中，状态操作包括 deposit()和 withdraw()，而非状态操作包括 balance()、summarize()和 creditLimit()。将改变状态的操作和不改变状态的操作分开，分别进行测试，因此有：

测试用例 TC3：open • setup • deposit • deposit • withdraw • withdraw • close

测试用例 TC4：open • setup • deposit • summarize • creditLimit • withdraw • close

测试用例 TC3 检查改变状态的操作，而测试用例 TC4 检查不改变状态的操作(除了那些最小测试序列中的操作)。

(2)基于属性划分。根据使用的属性划分类操作。在Account类中,属性balance和creditLimit可用于定义划分。操作可分为3类:使用creditLimit的操作、修改creditLimit的操作,以及既不使用也不修改creditLimit的操作。然后为每个划分设计测试用例。

(3)基于类别划分。根据每个操作所完成的一般功能进行划分类操作。在Account类中,操作可分为:初始化操作,包括open()和setup();计算操作,包括deposit()和withdraw();查询操作,包括balance()、summarize()和creditLimit();终止操作,包括close()。

6.4 面向对象软件测试模型

面向对象软件的测试可划分为6个测试模型。其中,OOA Test和OOD Test是对分析结果和设计结果的测试;OOP Test主要针对编程风格和程序代码实现进行测试;OO Unit Test是对程序内部具体单一的功能模块的测试;OO Integrate Test主要对系统内部的相互服务进行测试;OO System Test是基于OO Integrate Test的最后阶段的测试。

测试模型如图6-1所示。

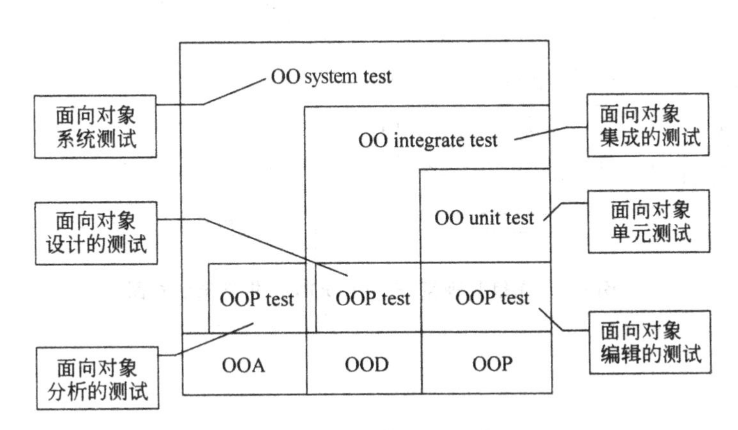

图6-1 面向对象测试结构图

6.4.1 面向对象分析测试(OOA test)

面向对象分析阶段的主要工作是需求分析和对类、对象和结构的设计。一般在确定需求分析以后,会形成面向对象的分析文档,因此,该阶段的测试主要是针对文档的测试。传统的面向过程分析是一个功能分解的过程,是把一个系统看成可以分解的功能的集合。这种传统的功能分解分析法的着眼点在于一个系统需要什么样的信息处理方法和过程,以过程的抽象来对待系统的需要。而面向对象分析(OOA)是"把 E-R 图和语义网络模型,即信息造型中的概念,与面向对象程序设计语言中的重要概念结合在一起而形成的分析方法",最后通常是得到问题空间的图表的形式描述。

对象、结构、主题等在 OOA 结果中的位置见图 6-2。

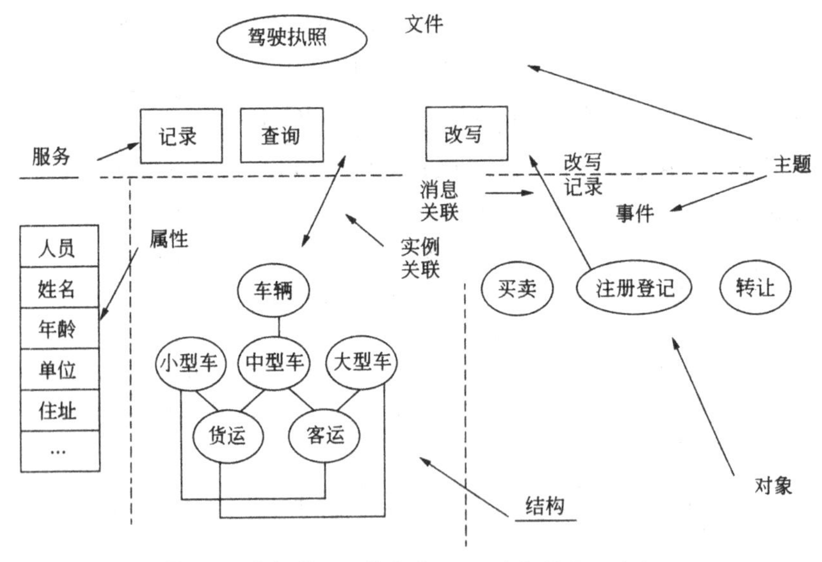

图 6-2 车辆管理系统部分 OOA 分析结果示意图

6.4.2 面向对象设计测试(OOD test)

面向对象设计(OOD)是将以 OOA 为中心归纳出的类为基础,建立类结构甚至进一步构造成类库,实现了分析结果对问题空间的抽象。OOD 归纳的类可以是对象简单的延续,也可以是不同对象的相同或相似的服务。OOD 确定类和类结构不仅是满足当前需求分析的要求,更重要的是通过重新组合或加以适当的补充或删减,能方便实现功能的重用和扩增,以不断适应用户的要求。

图 6-3 所示的面向对象设计模型是由 Coad 和 Yourdon 提出的。该模型由 4 个部分和 5 个层次组成。

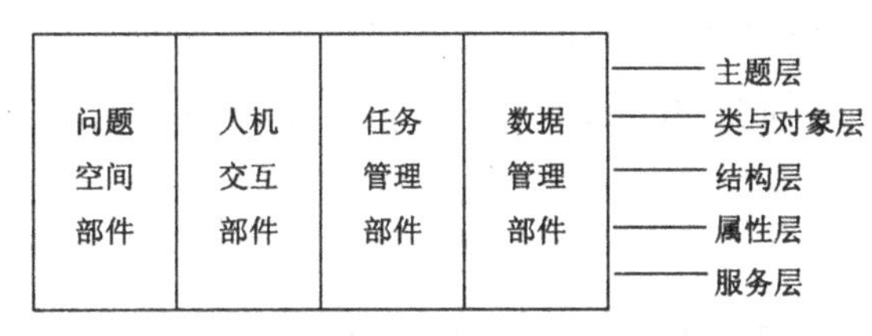

图 6-3 OOD 系统模型

6.4.3 面向对象编程测试(OOP test)

面向对象程序是通过对类的操作来实现软件功能的。更确切地说,是能正确实现功能的类,通过消息传递来协同实现设计要求。因此,在面向对象编程的测试中,需要忽略类功能实现的细则,将测试的目光集中在类功能的实现和相应的面向对象程序风格上,其考虑包括两个方面。

1. 数据成员是否满足数据封装的要求

数据封装是数据和与数据有关的操作的集合。检查数据成员是否满足数据封装的要求,基本原则是数据成员是否被外界(数据成员所属的类或子类以外的调用)直接调用。更直观地说,当改变数据成员的结构时，是否影响了类的对外接口，是否会导致相应外界必须改动。但是，有时强制的类型转换会破坏数据的封装特性。

2. 类是否实现了要求的功能

类所实现的功能，都是通过类的成员函数执行。在测试类的功能实现时，应该首先保证类成员函数的正确性。单独地看待类的成员函数，与面向过程程序中的函数或过程没有本质的区别，几乎所有传统的单元测试中所使用的方法，都可在面向对象的单元测试中使用。

测试类的功能，不能仅满足于代码能无错运行或被测试类能提供的功能无错，应该以所做的 OOD 结果为依据，检测类提供的功能是否满足设计的要求，是否有缺陷。必要时（如通过 OOD 仍然不清楚明确的地方）还应该参照 OOA 的结果，以之为最终标准。

6.4.4 面向对象单元测试(OO unit test)

面向对象软件的单元概念发生了变化，封装驱动了类和对象的定义。这意味着每个类和类的实例（对象）包装了属性（数据）和操纵这些数据的操作（也称为方法或服务），而不是个体的模块。最小的可测试单位是封装的类或对象。类包含一组不同的操作，并且某些特殊操作可能作为类的一部分特殊功能存在（例如类中的静态函数）。因此，单元测试的意义发生了较大的改变，实际上，面向对象的单元测试可以认为是对类的测试。

1. 测试驱动的实现方式

由于被测的类一般不可能单独执行，需要实现测试驱动，以实现对目标类的测试。测试驱动的设计本质是通过创建被测类的实例和测试这些实例的行为来测试类。下面介绍常见的几种测试驱动的设计方法。

(1)利用main函数。利用main函数方法实现测试驱动是一个最为简单的方式,直接将每个测试用例写入main函数。

(2)嵌入静态方法。在被测类中嵌入静态方法,在静态方法内部实现测试用例的执行,然后调用该静态方法。

(3)设计独立测试类。将测试代码从开发代码中完全独立出来,通过独立的测试类处理被测类的实例化和方法,并对结果进行统计。

2.面向对象单元测试的目标

(1)类功能正确性。功能正确性是类测试的基本目标,也是定量分析预期逻辑功能被正确封装实现的可信度。类的功能正确性包括行为正确性和实现正确性。行为正确性用来验证目标类是否正确提供预期设定的服务;实现正确性则主要验证类实现代码是否与规格说明一致。

(2)类完整性。检查目标类中实现的逻辑过程是单元测试的一个主要方面。完整性可以用来确定目标类是否具备了所需的功能和变量以及类应具有的公共接口。另外,完整性还要求确定一个类的方法是否完整地执行了规定的功能。

(3)早期测试。为了让软件缺陷尽早被发现并修复,以减少延后效应带来的成本放大效应,应该对类尽可能早地测试,通常在该类与其他类集成之前进行测试。

另外,对一个类单独测试并不能保证该类已经得到充分地测试,还需要引入多个测试用例,以测试类中方法的交互和对象在测试期间的状态。类似传统功能测试,可以把类中方法作为黑盒进行确认,把每个成员函数作为一个单独实体。一个对象在某个时刻的状态等价于这时所有数据成员的聚合状态,类的方法使用各种机制来操作数据成员。一个类的正确性需要验证数据成员是否已代表了对象预期的状态,成员函数是否能够正确地对对象数据进行操作。

6.4.5 面向对象集成测试(OO integrate test)

在面向对象的术语中,集成测试的一个主要目标是确保每个类或组件对象的消息以正确的顺序发送和接收并确保接收消息的外部对象的状态获得预期的影响。图6-4给出了指令生成序列图,图中箭头即代表类间消息的传递。

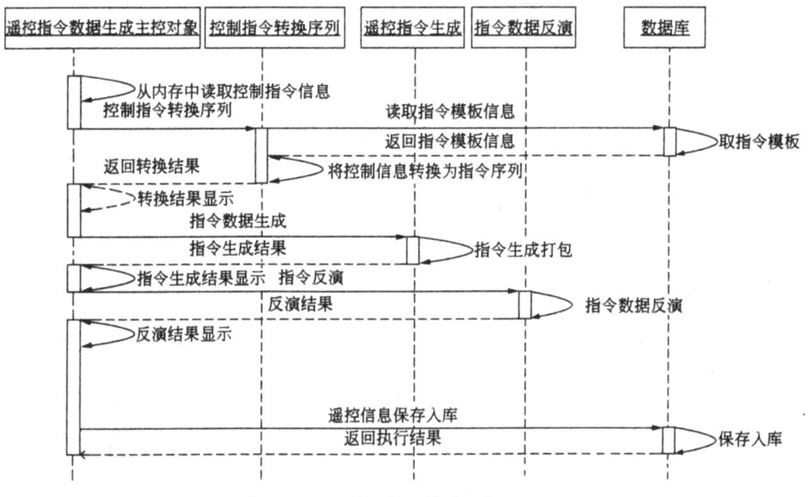

图 6-4 面向对象的序列图示例

区别于传统软件的功能分解,面向对象软件是通过合成来构造软件的,因而集成是面向对象软件开发中最重要的工作。集成测试主要根据系统中相关类的层次关系,检查类之间相互作用的正确性。

1.面向对象的集成测试策略

面向对象软件的集成测试有两种策略。

(1)基于线程的测试。由系统的一个输入事件作为激励,对其触发的一组类进行测试,执行相应的方法/消息处理路径,最后终止于某一输出事件。应用回归测试对已测试过的类集合重新执行一次,以保证加入新类时不会产生意外的结果。

由于基于线程的测试策略比较符合一般的认知规律,并且可以根据需求规格说明的序列图生成消息，并跟踪触发的类及类间消息的传递互动过程，因此，该策略在实际测试中较为常见。以图 6-4 为例，根据基于线程的测试策略，可以设计测试用例：向类“遥控指令数据生成主控对象”发出消息——“从内存中读取控制指令信息”，继而引发后续与“控制指令转换序列”“遥控指令生成”“指令数据反演”“数据库”类之间的交互作用，通过检查类消息传递和交互作用的正确性进行集成测试。

(2)基于使用的测试。首先通过测试独立类(是系统中已经测试正确的某类)来开始构造系统，在独立类测试完成后，继续测试下一层继承独立类的类(称为依赖类)。按照继承依赖关系对各类进行测试，直到整个系统被构造完成为止。

2. 面向对象软件的集成测试过程

测试过程的第一步是进行静态测试，针对程序的结构，检测其是否符合设计要求。另外，面向对象的集成测试同样也需要进行静态测试，包括代码审查、静态分析、逻辑测试和文档审查等。其中代码审查主要使用基于面向对象的规则集，例如 MISRA-C++:2008、HIC++等规则集。表 6-1 列举了部分 MISRA-C++:2008 规则集。详细的规则集可参见相关资料文档。

表 6-1 MISRA-C++:2008 部分规则集

序号	审查项目	类别	MISRA-C++:2008 标识
1	Assignment operation in expression	强制类	05-00-01 06-02-01
2	No brackets to loop body	强制类	06-03-01
3	Unused procedure parameter	强制类	00-01-11 00-01-12
4	Proc/Program contains Variable(s) declared but not used in code analysed	强制类	00-01-03

续表

序号	审查项目	类别	MISRA-C++:2008 标识
5	Procedure contains UR data flow anomalies	强制类	08-05-01
6	DU data flow anomalies found	强制类	00-01-06 00-01-09
7	Procedure has more than one exit point	强制类	06-06-05
8	Function has no return statement	强制类	08-04-03
9	Ellipsis used in procedure parameter list	强制类	08-04-01
10	Use of setjmp/longjmp	强制类	17-00-05
…	…	…	…

测试工具 Testbed 支持多种面向对象的代码规则集，其可以通过扫描源代码很容易地生成规则违反报告表。

测试过程的第二步是动态测试，即根据静态测试得出的函数功能调用关系图或类关系图作为参考，并依据需求规格说明，按照既定的集成测试方法完成测试功能覆盖。

6.4.6 面向对象系统测试(OO system test)

系统测试独立于系统实现，系统测试人员不需要真正知道实现采用的是过程代码还是面向对象的代码。系统测试的基本要素是系统的输入和输出。在系统测试中，面向对象软件继承了传统软件系统测试的很多思想，两者的区别在于系统是通过统一建模语言(UML)定义和细化的。这样，重点是通过 UML 模型找出系统级线索以设计测试用例。

1. 面向对象系统测试的目的

系统测试是一个对完整产品的测试，它所包括的范围不仅仅是软件，还包括软件所依赖的硬件、外设甚至包括某些数据、某些支持软件及其接口等，从而确保系统中的软件与各种依赖的资源能够协调运行，形成一个完整产品。所以说，系统测试是一个针对完整产品的测试。它是软件测试过程中的一个重要阶段，也是所有测试活动中技术要求最高的。

除验证功能外，面向对象系统测试有以下3个主要目的：

1)验证产品交付的组件和系统性能能否达到要求。

2)定位产品的容量及边界限制。

3)定位系统性能瓶颈。

由于系统测试需要搭建与用户实际使用环境相同的测试平台，以保证被测系统的完整性，所以，对临时没有的系统设备部件，也需要有相应的模拟手段。

2.面向对象系统测试的范围

从目的、范围和方法上来说，面向对象的系统测试与传统的系统测试基本上相同，都需要进行以下类型的测试：

1)用户支持测试。用户手册、使用帮助、支持客户的其他产品技术手册是否正确、是否易于理解，以及是否人性化。

2)用户界面测试。在确保用户界面能够通过测试对象控件或入口得到相应访问的情况下，测试用户界面的风格是否满足用户要求。

3)可维护性测试。测试系统软硬件实施和维护功能的方便性，降低维护功能对系统正常运行带来的影响，例如对支持远程维护系统的功能或工具的测试。

4)安全性测试。主要包括数据的安全性和操作的安全性。

5)系统性能测试。包含并发性能测试、负载测试、压力测试、强度测试和破坏性测试等。并发性能测试是评估系统交易或业务在渐增式并发情况下的处理瓶颈，以及能够接收业务的性能过程；强度测试是在资源情况低的情况下，找出因资源不足或资源争用而导致的错误；破坏性测试重点关注超出系统正常负荷多倍情况下,错误出现状态和出现比率,以及错误的恢复能力。

6)系统可靠性、稳定性测试。在一定负荷的长期使用环境下,测试系统的可靠性和稳定性。

7)系统兼容性测试。即系统中软件与各种硬件设备的兼容性、与操作系统的兼容性,以及与支撑软件的兼容性。

8)系统组网测试。组网环境下,系统软件对接入设备的支持情况,包括功能实现及群集性能。

9)系统安装升级测试。安装测试的目的是确保该软件在正常和异常的各种情况下进行安装时都能按预期目标来处理。

10)单个子系统的性能。应用层关注的是整个系统各种软、硬件和接口配合情况下的整体性能,这里关注单个系统。

11)子系统间的接口瓶颈。例如,子系统间通信请求包的并发瓶颈。

12)子系统间的相互影响。子系统的工作状态变化对其他子系统的影响。

13)协议一致性测试。

14)协议互通测试。

与传统系统测试不同的是,面向对象的系统测试还需要验证OOA分析的结果,对软件的架构设计部分进行验证,确保软件可以顺利地实现用户需求。

6.5 面向对象测试工具

JUnit是一个Java语言的单元测试框架,是Java社区中知名度最高的单元测试工具,成为Java开发中单元测试框架的事实标准。多数Java的开发环境都已经集成了JUnit作为单元测试的工具。

JUnit是一个开放源代码的Java测试框架,在1997年由Erich Gamma和Kent Beck开发完成。JUnit测试是程序员测试，即所谓白盒测试，因为程序员知道被测试的软件如何（How）完成功能和完成什么样（What）的功能。

JUnit 的特性主要包括以下几点：

1)使用断言方法判断期望值和实际值差异，返回 Boolean 值。

2)测试驱动设备使用共同的初始化变量或者实例。

3)测试包结构便于组织和集成运行。

4)支持图形交互模式和文本交互模式。

JUnit 共有 7 个包，如图 6-5 所示，其核心的包是 junit. framework 和 junit. runner。framework 包负责整个测试对象的构建，runner 负责测试驱动，JUnit 有 4 个重要的类，分别是 TestSuite、TestCase、TestResult 和 TestRunner。另外，JUnit 还包括 Test 和 TestListener 接口和 Assert 类。

开发人员之所以选择 JUnit 作为单元测试的常用工具，是因为它具有以下优点：

1)JUnit 是开源工具。JUnit 不仅可以免费使用，还可以找到许多实际项目中的引用示例。由于是开源的，开发者还可以根据需要扩展 JUnit 的功能。

2)JUnit 可以将测试代码和产品代码分开。软件产品交付时，开发者一般只希望交付用户稳定运行的产品代码，而不包括测试代码。那么，测试代码和产品代码分开就容易完成这一点。而且，测试代码和产品代码分开也可以保证维护代码时不至于发生混乱。

3)JUnit 的测试代码非常容易编写，而且功能强大。开发者更愿意花费大量的时间在功能实现上，因此简单而功能强大的测试代码就很受欢迎。在 JUnit4.0 以前的版本中，所有的测试用例必须继承 TestCase 类，并且使用以“test＋被测方法名”的约定。在 JUnit4.0 及其以后的版本中，使用 JDK5.0 的注解功能，只需在方法体前使用@test 表明该方法是测试方法即可，这使得测试代码的编写更加简单。

4)JUnit 自动检测测试结果并且提供及时的反馈。JUnit 的

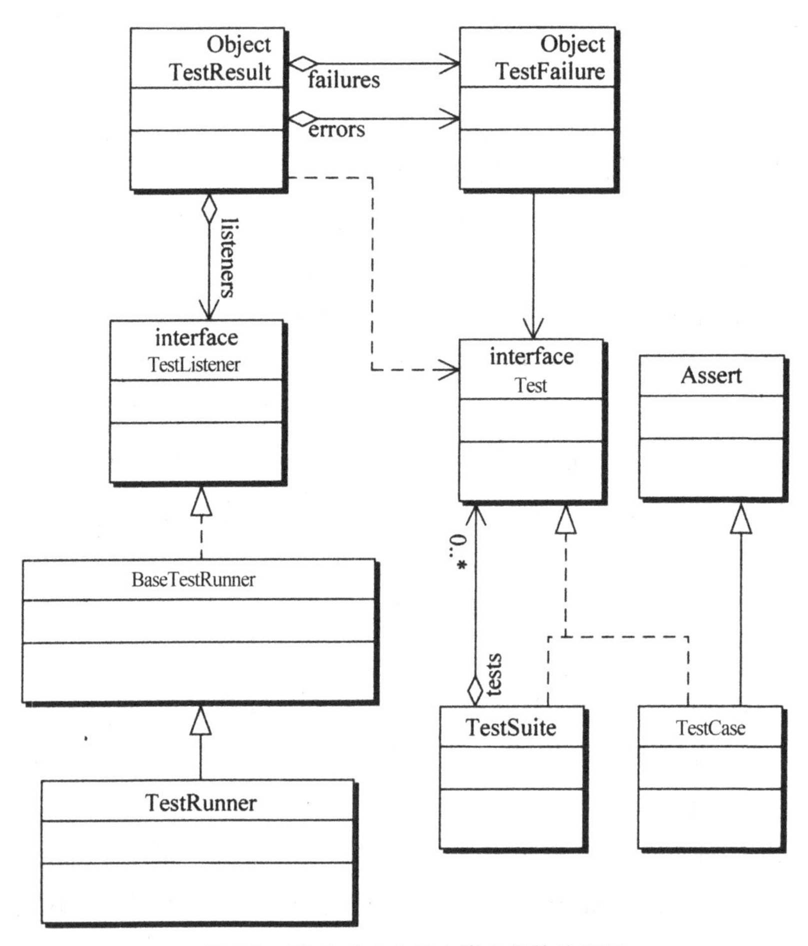

图 6-5 JUnit 的 7 个核心类之间的关系图

测试方法可以自动运行，并且使用以 assert 为前缀的方法自动对比开发者期望值和被测方法实际运行结果，然后返回给开发者一个测试成功或者失败的简明测试报告。这样就不用人工对比期望值和实际值，在保证质量的同时提高了软件的开发效率。

5）易于集成。JUnit 易于集成到开发的构建过程中，在软件的构建过程中完成对程序的单元测试。

6）便于组织。JUnit 的测试包结构便于组织和集成运行，支持图形交互模式和文本交互模式。

第7章 主流信息应用系统测试

当前,信息技术的快速发展产生了众多类型的信息系统。针对一些主流系统,本章对其测试方法进行论述。这些系统除了软件所拥有的一般特性外,尚有一些特殊的性质,而这些性质就需要专门的测试。一般来说,这些测试是在实施了前面所叙述测试的基础之上进行的。

7.1 Web应用系统测试

Web应用系统是一种可以通过Web访问的应用程序,是Internet上集文本、声音、动画、视频等多种媒体信息于一身的信息服务系统。

Web应用系统属于多层架构,主要由浏览器端(客户端)、服务器端以及网络传输协议等部分组成。浏览器端提供用户的交互界面并负责将用户的请求(Request)发送给服务器端。服务器端处理浏览器的各类请求并将响应(Response)返回给浏览器端。请求的发送和响应的接收使用标准的HTTP协议(Hyper Text Transfer Protocol,即超文本传输协议),它基于TCP/IP协议之上,是Web浏览器和Web服务器之间的应用层协议,是通用的、无状态的、面向对象的协议,可以传输任意类型的数据对象。一般采用的Web应用服务程序有各种版本UNIX上的Apache、WebLogic,Windows服务器上的Tomcat、IIS等。

Web应用系统有两大开发模式,即C/S(Client/Server,客户端/服务器)和 B/S(Browser/Server,浏览器/服务器),二者的结构比较如图 7-1 所示。

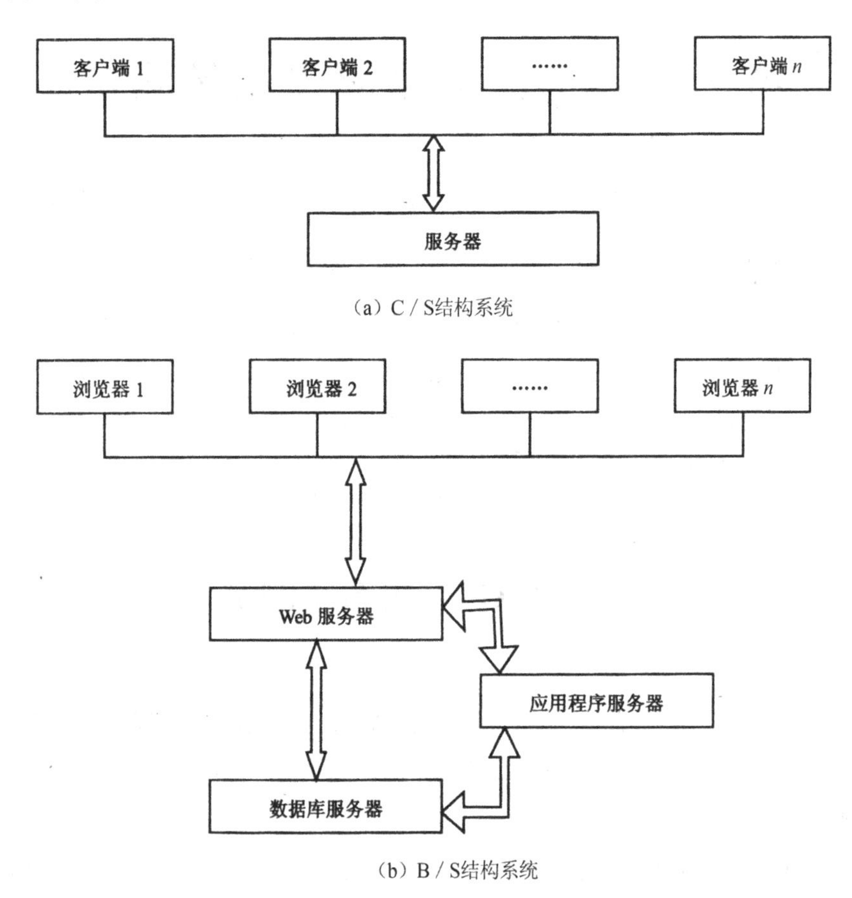

(a) C / S结构系统

(b) B / S结构系统

图 7-1　C/S 结构系统与 B/S 结构系统

7.1.1　Web 应用系统测试综述

Web 系统可能包含多个物理服务器。比如,一个 Web 系统可能包括多个 Web 服务器、应用服务器和数据库服务器(如服务器群,即一组共享工作负荷的相似服务器)。Web 系统可能还包括其他服务器类型,如电子邮件服务器、聊天服务器、电子商务服务器以及用户特征信息服务器。

Web 系统的服务器端应用在两个方面不同于客户端应用:

1)服务器端应用不存在与系统最终用户相交互的用户界面;客户端通过通信协议、应用编程接口和其他接口标准与服务器端应用进行交互以调用其功能和访问数据。

2)服务器端应用是自动运行的。因此,对于测试人员来说,服务器端应用就是一个黑盒子。一种用来提高错误重现能力的方法是记录事件日志。应用日志允许跟踪由具体应用生成的事件。

7.1.2 服务器端的测试

1.性能测试

性能测试常常与强度测试(或压力测试)结合进行。主要对系统的性能指标,如传输连接的最长时限、传输的错误率、计算的精度、记录的精度、响应的时限和恢复时限等进行测试。

Web应用系统的测试隶属于系统测试范畴,因此也分为软件部分和硬件部分的测试,软、硬件部分测试的主要对象如图7-2所示。

硬件资源性能测试主要对各对象进行负载和压力测试;软件资源性能测试主要对各对象进行可靠性、安全性等方面的测试。随着软件技术的飞速发展,Web应用系统的测试越来越复杂。

负载测试是在一定约束条件下测试系统所能承受的用户量、运行时间、数据量,以确定系统所能承受的最大负载。负载测试被定义为给被测系统加上它所能操作的最大任务数的过程,也称为"容量"测试。例如,发送一个巨大的作业来测试打印机、发送巨大信件来测试邮箱等。

压力测试是一种给被测试系统加载超过系统正常运行的负载,使系统处于资源极限和崩溃的状态以发现系统缺陷的过程,目的是测试应用系统的故障变化,以及测试系统的自我恢复能力。压力测试侧重于发现被测试系统在特殊突发情况下存在的

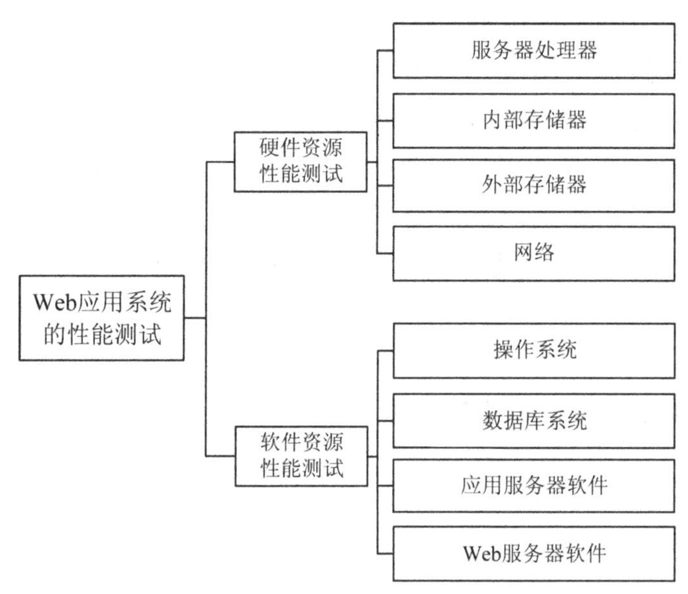

图 7-2 软、硬件部分测试的主要对象

缺陷和自我恢复能力。

不同操作系统、数据库系统、应用服务器之间性能、安全性、稳定性、易用性都有所差异，见表 7-1。

表 7-1 不同操作系统和数据库系统之间的差异

主流厂商	主要特点	主流产品
甲骨文(Oracle)	安全、稳定、可靠、支持大型数据服务	Oracle Database 11g
微软	简单易用、界面友好、功能和性能强大	MS SQL Server 2008
开源	开源、免费、稳定、可靠、产品众多，中小型数据处理	Oracle MySQL、PostgreSQL
其他厂商	性能、功能一般、日益边缘化	PowerBuilder Sybase

2. 安全性测试

安全性测试验证安装在系统内的保护机构是否能够对系统进行保护，使之不受各种干扰；突破系统的安全保密措施，检验系统是否有安全保密的漏洞。

Web应用系统的安全问题主要类型有缓存区溢出、跨站点脚本攻击(XSS，Cross Site Script)、SQL注入攻击、错误处理、拒绝服务攻击等。

7.1.3　客户端的测试

客户端的测试是对测试客户端与服务器信息交互过程中，客户端输入的数据能否进入，以及正确无误地在应用服务器中处理，存入数据库中。同时，服务器反馈给客户端的数据能否正确显示和被客户正确处理等。

客户端的测试内容主要有表单测试、链接测试、Cookie测试、用户界面(UI)测试、内容测试、兼容性测试等。

1. 表单测试

表单测试主要是测试两个方面：正确的数据能够得到正常处理；非正常的数据能被系统检查、过滤和异常处理。例如，在实例中的后台登入模块中，当用户通过登入表单提交正确的用户名和密码、验证码信息时，系统可以正确识别管理员的身份和权限。当用户提交错误用户名、错误密码或者错误验证码时，系统应该可以自动识别，并且给出相应错误的提示。当攻击者试图通过缓存溢出、SQL注入等攻击时，系统可以阻止攻击者的登入；同时，给出相关的错误信息，甚至屏蔽攻击者登入。

2. 链接测试

链接测试是客户端测试的重要组成部分。所谓的链接就是Web页面中的一个内容指向。从一个页面或者网站链接处指向页面、站点、位置、文本、多媒体、文件等。链接也是Web应用系统的一个主要元素，它是Web页面浏览、信息处理和指导用户使用的主要手段。链接测试主要测试Web应用系统中的链接是否指向了正确的目标、Web应用系统中是否存在“死链接”和“无效链接”等。链接测试主要通过工具来进行自动检查。链接测试必须在集成测试阶段进行，也就是说，在整个 Web 应用系统的所有页面开发完成之后进行链接测试。自动检测网站链接的软件有开发工具自带链接检查工具、专用的软件，如 Xenu Link Sleuth、HTML Link Validator、Web Link Validator、W3C 的 Link Checker 等。例如，某市妇联网站管理系统进行表单和链接测试，首先通过手工检查形成 WinRunner(QTP)测试脚本；其次在回归测试和系统升级版本时，依靠 WinRunner(QTP)自动测试。

3. Cookie 测试

Cookie 一般用来存储用户信息和操作状态。当一个用户使用 Cookie 访问了某一应用系统时，Web 服务器将发送关于用户的信息，并且把该信息以 Cookie 的形式存储在客户端计算机上，可以用来创建网站动态效果、自定义显示页面或者存储登入信息、加快系统登入的速度和良好的使用体验等。

如果 Web 应用系统使用了 Cookie，就必须在测试时考虑两个问题：

1)Cookie 是否按照预期正常工作。例如，使用 Cookie 来统计登入网站的次数，但是 Cookie 设计者为了保障正确的统计访问网站次数，就需要验证 Cookie 是按照浏览器重新登入还是按照浏览器刷新来累计统计。

2)Cookie 的安全性。例如，记录管理员登入的用户名、密码和权限等信息是否加密处理，Cookie 对安全性的时效是否符合客户安全性规格说明书。

4. 用户界面测试

用户界面测试(简称 UI 测试)，是指测试 Web 应用系统中外观及其底层与用户交互部分(菜单、对话框、窗口和其他控件)的功能性、外观性。例如，文字、图片、内容是否恰当和正确，文字、多媒体、颜色的布局和构造是否大方美观，适合需求主体，使用者的操作是否简单和方便等。用户界面测试的目标是确保用户界面展示给客户良好的体验，简便地查看和学习，使用者能方便操作系统，快捷使用系统的各种功能。而且需要确保用户界面符合公司或行业的标准和法律、法规、道德规范等。用户界面测试主要包括用户友好性、人性化、易操作性等方面。一般而言，手工测试是最好的方法之一，因为它节约资源，在没有固定标准值的测试中是最好的解决方案。如果用户界面测试采用了手工测试的策略，首先，制订用户界面测试计划；其次，根据测试计划分配资源和测试用例。例如，如果测试人员在某个Web应用系统里，碰到一个单选按钮，他必须参考单选按钮测试的测试用例文档，然后验证是否符合单选按钮的期望结果。另一个方法是，通过准备所有标准用户界面元素的检查表，在测试执行后将结果填在表中，无论期望的行为是否实现。在这种情况下，每个窗体的确认都会有很多的检查表需要填写。最后，生成测试报告和建议，转交相关人员。

5. 内容测试

内容测试是测试Web应用系统中提供客户端信息的正确性、准确性和相关性。正确性是指Web应用系统中展示给客户的信息是可靠无误的，例如，电子商城管理系统中，如果会员的预存款中出现错误的信息，那么给企业带来的不仅仅是财务问题，而且可能导致法律纠纷；准确性是指Web应用系统中展示给客户的信息是否存在语法或拼写错误，对于语法或拼写错误，一般可以通过软件自动完成，例如Visual Studio 2008的语法高亮显示和检查功能；相关性是指是否在当前页面可以找到与当前浏览信息相关的信息列表或入口。

6. 兼容性测试

由于通用计算机市场上有很多不同的操作系统类型，最常见的有Windows系列、UNIX/Linux系列、Mac系列、其他系列等。

Web应用系统的终端用户究竟会使用哪种操作系统，完全取决于用户的选择。这就可能会发生兼容性问题，同一个应用可能在某些操作系统下能正常运行，但在其他操作系统下可能会运行错误或者无法运行。

因此，在Web应用系统开发之初，就必须考虑到Web应用系统将可能会使用到的客户端类型，根据项目的实际需求，合理选择开发环境、语言、工具与技术。

在Web应用系统发布之前，也必须在各种操作系统下对Web应用系统进行兼容性测试。

兼容性测试的一个重要内容就是客户端浏览器测试，因为浏览器是Web应用系统中客户端的最重要构件。“胖”客户端或“富”客户端广泛使用，以及“云计算”的兴起和流行，各种脚本技术的广泛使用，大大推动了Web应用系统的蓬勃发展。但是，由于客户端的浏览器并没有统一的标准，而且技术在不断地演化，不同浏览器之间、同一浏览器的不同版本之间的差异都可能引起Web应用系统中的内容显示、稳定性、安全性出现问题。另外，框架和层次结构风格在不同的浏览器中也有不同的显示，甚至根本不显示。例如，不同的HTML版本，在客户浏览器上展示的效果可能截然不同。

7.2 数据库测试

7.2.1 数据库测试概述

数据库技术的广泛使用为企业和组织收集并积累了大量的数据，直接导致了联机分析处理、数据仓库和数据挖掘等技术的出现，促使数据库向智能化方向发展。同时企业应用越来越复杂，会涉及应用服务器、Web服务器、其他数据库、旧系统中的应用以及第三方软件等。数据库产品与这些软件是否具有良好的集成性往往关系到整个系统的性能。

从整个软件系统的开发来看，软件开发技术日新月异，数据库已经成为软件开发过程中非常重要的部分。越来越多的数据库操作作为存储过程直接放在数据库上执行以提高执行效率和安全性，但人们从来没有真正将数据库作为独立的系统进行测试，而是通过对代码的测试工作间接对数据库进行一定的测试。随着数据库开发的日益升温和数据库系统的复杂化，数据库测试也需要独立出来进行符合数据库本身的测试工作。

7.2.2　数据库功能性测试

1. 功能测试内容

数据库系统功能部分的测试点为安装与配置、数据库存储管理、模式对象管理、非模式对象管理、交互式查询工具、性能监测与调优、数据迁移工具及作业管理等几个方面。各部分又分成若干具体的测试项目，具体测试点概括如下：

(1)安装与配置。安装与配置主要测试数据库管理系统是否具有完整的图形化安装程序，是否提供集中式多服务器管理及网络配置，是否在安装界面中显示数据文件、日志文件、控制文件等参数文件的默认路径及其命名规则，以及是否提供运行参数查看与设置功能，能够正确地进行数据库的创建和删除等。

(2)数据库存储管理。数据库存储管理主要测试点为表空间(文件组)管理、数据文件管理、日志文件管理以及归档文件管理等功能。

(3)模式对象管理。模式对象管理是数据库管理系统最基本的数据管理服务功能特性，是数据库所有功能的基础。其主要测试功能点包括表管理、索引管理、视图管理、约束管理、存储过程管理和触发器管理等。

1)表管理主要测试点为图形方式下创建表,图形方式下修改表、数据类型下拉框选择与修改、重组表数据、图形工具中查看编辑数据,支持图形下拉框条件选择与查询、表属性及相关性图形化显示等。

2)索引管理主要测试点为创建、修改索引信息,提供索引定义类型选择,索引的存储管理,索引的重组与合并等。

3)视图管理主要测试点包括图形方式下创建、删除视图,图形工具中查看视图定义,图形工具中查看视图数据,支持条件查询、视图属性及其相关性图形化显示等。

4)约束管理主要测试点包括约束定义与修改(主键/外键/(NOT) NULL/CHECK/UNIQUEDEFAULT 设置),支持约束状态控制(延时/立即)、约束查看、相关性图形化显示等。

5)存储过程管理主要测试点包括创建、删除存储过程,图形工具中查看、修改存储过程代码(支持所得即所写)等。

6)触发器管理主要测试点包括支持图形工具中创建、删除触发器,支持行级触发器,支持语句级触发器,图形工具中查看、修改触发器代码(支持所得即所写)等。

(4)非模式对象管理。非模式对象管理主要测试点为模式管理,包括模式的创建、删除、查看、用户指派等;用户管理包括用户的创建、删除、修改、授权、口令策略管理;角色管理包括角色的创建、删除、修改、查看、用户指派;权限管理包括数据库对象权限的查看与指派、用户对象权限的查看与指派;审计选项设置包括语句审计、对象审计、权限审计、审计开关等。

(5)交互式查询工具。交互式查询工具主要测试点包括易用性、稳定性等。

(6)性能监测与调优。要求以图形方式提供 SQL 语句执行计划,提供数据库运行图形监控,提供可配置的性能数据跟踪与统计、提供死锁监测与解锁功能等。

(7)数据迁移工具。要求支持 Txt 文件的数据迁移,支持 Excel 文件的数据迁移,支持 XML 数据导出,支持从 SQL Server

的表、约束及数据迁移，支持从 Oracle 的表、约束及数据迁移，支持从 DB2 的表、约束及数据迁移以及从 Oracle 进行数据迁移的性能等。

(8)作业管理。作业管理包括作业调度、通知(操作员)管理、维护计划管理等。

此外，还会涉及其他方面的功能测试，如在不同数据库之间同步的数据，在测试时要考虑数据库间的差异，如边界值是否一致。

2. 测试方法

采用黑盒测试方法，可以通过图形化管理工具、交互式 SQL 工具等对数据库管理系统的功能特性进行测试。要求被测数据库提供 Windows 和 Linux 平台上的图形化管理工具，任一平台上的工具都能够管理 Windows 和 Linux 平台上的数据库服务器。例如工具 DataFactory 是一款优秀的数据库数据自动生成工具，通过它可以轻松地生成任意结构数据库，对数据库进行填充，帮助生成所需要的大量数据，从而验证数据库中的功能是否正确。

7.2.3　数据库性能测试与原因分析

1. 数据库性能测试

一般来说，引起数据库性能问题的主要原因有两个：数据库的设计和 SQL 语句。数据库设计的优劣在于数据库的逻辑结构设计和数据库的参数配置。数据库参数的配置比较好解决，数据库结构的设计是测试人员需要关注的，糟糕的表结构设计会导致很差的性能表现。例如，没有合理地设置主键和索引则可能导致查询速度大大降低，没有合理地选择数据类型也可能导致排序性能降低。不合理的甚至冗余的数据库表字段设计也将导致对数据库访问效率的下降。

低效率的 SQL 语句是引起数据库性能问题的主要原因之

一,其中又包括程序请求的 SQL 语句和存储过程、函数等 SQL 语句。对这些语句进行优化能大幅度地提高数据库性能,因此它们是测试人员需要重点关注的对象。

数据库的性能优化可以从以下方面考虑:

1)物理存储。

2)逻辑设计。

3)数据库的参数调整。

4)SQL 语句优化。

可以借助一些工具来找出有性能问题的语句,例如 SQL Best Practices Analyzer、SQL Server 数据库自带的事件探查器和查询分析器、LECCO SQL Expert 等。

2.数据库性能问题及原因分析

数据库服务器性能问题主要表现在某些类型操作的响应时间过长,同类型事务的并发处理能力差和锁冲突频繁发生等方面。应该说,这些问题是数据库服务器性能不佳的典型表现。由于造成上述情况的原因众多,需要分情况加以分析。

7.2.4 数据库可靠性及安全性测试

1.可靠性测试

作为支撑企业应用的后台核心和基础,数据库系统的稳定性和可靠性是应用企业最关心的问题,它与整个企业的经营活动密切相关,一旦出现宕机或者数据丢失,企业的损失将无法估量。这不仅仅是企业的经济利益会遭受损失的问题,甚至会引起一些法律纠纷,比如银行系统和证券系统中的数据库稳定性等。另外,在一些意外造成数据库服务停止的情况下,如何尽快地恢复服务也是必须考虑的问题。因此,应该对数据库系统 7×24 小时不间断运行、备份数据、容错、容灾等能力进行测试。

2. 安全性测试

数据库的安全性主要是指数据库的用户认证方式受其权限管理，当数据库遭受非法用户访问时，系统的跟踪与审计功能等。具体的测试点如下：

1)用户及口令管理。包括用户定义与管理、角色定义与管理、口令管理等。

2)授权和审计管理。主要测试点为数据库审计、授权管理(表权限/列权限)、支持操作系统用户验证方式等。

7.3 嵌入式系统测试

嵌入式系统由嵌入式硬件与嵌入式软件组成。硬件以芯片、模板、组件、控制器形式嵌入到设备内部；软件是实时多任务OS和各种专用软件，一般固化在ROM或闪存中。图7-3为嵌入式系统的基本结构。一般嵌入式系统的软硬件可剪裁，以适用于对功能、体积、成本、可靠性、功耗有严格要求的计算机系统。

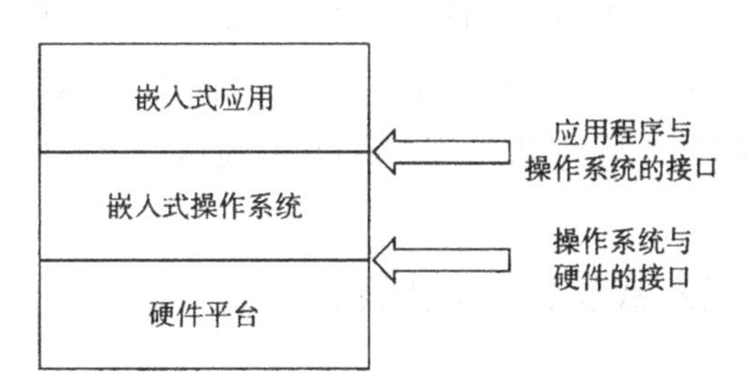

图7-3 嵌入式系统的基本结构

随着嵌入式领域目标系统的应用日趋复杂，硬件的稳定性越来越高，而软件故障却日益突出。同时由于竞争、开发技术日新月异等因素，导致嵌入式产品上市时间缩短，对产品的质量要求也越来越高，因此软件的重要性和质量引起人们的高度重视。

7.3.1 嵌入式软件测试策略及测试流程

嵌入式软件开发采用“宿主机/目标机”交叉方式，相应的测试也称为交叉测试(Cross-Testing)。这是因为所有测试放在目标平台上会有很多不利的因素，包括测试软件争夺时间，目标环境不可用、精密度差，影响其他应用等。

通常嵌入式软件开发的最小编程环境主要是交叉编译器、交叉调试器、宿主机和目标机间的通信工具、目标代码装载工具、目标机内驻监控程序或实时操作系统等。所以嵌入式软件测试同传统软件测试相比有较大的差别，除了要考虑和运用传统的测试技术外，还要考虑与时间和硬件密切相关的测试技术运用。

对于嵌入式应用，无论是测试还是调试，有效的方法仍是借助仿真或模拟的手段来进行软件的测试和调试。

软件仿真通过数字化的形式仿真嵌入式软件的运行环境，包含支撑嵌入式应用的CPU的虚拟目标机、支撑嵌入式软件工作的外围硬件(元器件、电路、传感器及外部设备等)的数字仿真手段。硬件仿真与软件仿真相比，主要优点是嵌入式软件是在真实的CPU上运行，缺点是很难构造一个完整的嵌入式应用环境，很难支持嵌入式软件的先期开发、测试和调试。

7.3.2 嵌入式软件测试代表工具

按照传统的软件测试分类方法，嵌入式软件测试也分为静态测试和动态测试，其中动态测试又分为白盒测试和黑盒测试。下面基于这种方法介绍一些典型的嵌入式软件测试工具。

1. 嵌入式白盒测试工具

白盒测试以源代码为测试对象，除对软件进行通常的结构分析和质量度量等静态分析外，主要进行动态测试。

IBM Rational 公司的 Logiscope TestChecker 和 Rational Test Real Time(RTRT),通过串口、以太网口与被测软件运行的目标机进行连接,在对被测软件进行插装后下载到目标机上运行,进行准实时或事后分析。

美国 Freescale 公司的 CodeTest 与被测目标机通过总线或飞线方式进行连接,将被测软件进行插装,当被测软件在目标机上运行时,对其进行实时监测。

美国 Vector 公司的 VectorCAST 用于高级语言的单元测试组装测试及集成测试,它支持 Ada 语言和 C/C++等高级语言,能够自动打桩(Stub)及针对被测程序单元自动生成驱动程序,与主流编译程序器目标机以及实时操作系统(RTOS)相结合,在主机仿真器和嵌入式目标机系统上执行测试。

2.嵌入式黑盒测试工具

黑盒测试将嵌入式软件当作一个黑盒子,只关注系统的输入输出。目前的测试做法是以硬件方式将被测系统的输入/输出端口用硬件对接相连,使用实时处理机和宿主机对被测系统进行激励和输入,实施驱动,然后获取输出结果进行分析,进行开环或闭环测试。

代表工具是德国 TechSAT 的 ADS-2 系统,该系统提供集成的实时软件环境和硬件平台,适用于嵌入式系统的仿真、建模、集成、测试及验证等工作。国内的是北航的 GESTE 嵌入式系统测试环境。

3.嵌入式灰盒测试工具

灰盒测试是指嵌入式软件既能做白盒测试,又能做黑盒测试。目前主要有基于全数字仿真或半实物仿真技术的应用。

目前在嵌入式测试领域的典型代表是欧洲航天局的 SPA-CEBEL、SHAM 等产品,国内北京奥吉通科技有限公司的科锐时系列产品 CRESTS/ATAT 和 CRESTS/TESS 等。

4. 嵌入式软件仿真工具

空间飞行器、卫星等工作在太空中，它们的控制软件，即嵌入式软件的调试与测试必须在模拟太空环境下的仿真环境里进行。仿真环境的建立需要仿真工具的支持，欧洲航天实时仿真产品Eurosim以及网络资源透明访问工具SPINEware都是代表性的嵌入式软件仿真工具。

7.4 游戏测试

随着我国游戏产业逐渐走上正轨，游戏测试在游戏产业中占据的分量也越来越重。

目前国内的游戏测试行业的境况十分复杂，测试团队既有知名游戏公司设立在中国的，也有本土网络游戏研发中心的，还包括正在崛起的中国游戏软件外包公司自己的测试团队。我国的游戏测试技术尚未发展成熟，特别是游戏的可玩性测试，这是一项新的测试需求，目前多采用β测试来完成，即通过发布试用版游戏来达到检测可玩性的目的，而且随着对测试自动化的需求，传统的测试方法受到了很大的挑战。

7.4.1 常见的游戏软件错误

在游戏软件测试过程中常遇到的错误有功能错误、赋值错误、检查错误、时间控制错误、由软件模块构造/包装/合并而导致的错误、算法错误、文档错误及接口错误等。

(1)功能错误。功能错误是一种影响游戏性能以及用户体验的错误，该错误可能是由提供这一功能的代码丢失或不正确造成的。例如命令角色向东，他却向西；没办法进行联网操作等。

(2)赋值错误。当程序所使用的值被错误地初始化或设置，或者是当一个所需的参数值丢失时，出现的错误就被定义为赋值错误类型。例如，游戏任务开始，进入一个新关卡或一种游戏模式时，地图、角色属性或物件属性的值错误。

(3)检查错误。当代码在被使用前不能适当地验证数据时，就产生了检查类型的错误。例如，在代码中用“＝”代替“＝＝”对两种值比较；边界比较，如使用“＜＝”代替“＜”等。

(4)时间控制错误。时间控制错误与资源的共享、资源的实施管理相关。有些进程，如在硬盘上存储游戏信息，要给出开始时间或结束时间。这类操作在数据上执行，应完成对数据的操作后才能终止。通常为了友好，可以显示一个进度条或提示之类的信息。

(5)由软件模块构造/包装/合并而导致的错误。这类的错误通常是由于配置游戏代码，变更游戏版本或安装打包等引起的错误。

(6)算法错误。这种错误包括一些计算过程或选择结构中出现的有关时间复杂度或正确性的问题。算法可以视为得出一个数值(如22)或实现一个结果(如关门)的过程。

例如，在一个填字游戏中会有的一些算法：点数、奖励和计数；完成一个回合或进入下一个关卡的标准；确定填字游戏目标的成功，如形成一个特殊的字或匹配一定数量的块；或者提供特殊的道具、奖励或游戏模式。

(7)文档错误。文档错误发生在游戏已确定下来的数据素材中，其内容涉及文本、对话框、用户界面元素、帮助文本、指示说明、声音、视频、场景、关卡、环境对象、物件等。

(8)接口错误。一个接口错误可以发生在任何信息被转移或交换的地方。在游戏代码中，当一个模块调用另一个模块的方式有误时，例如，以错误的参数值调用函数、以错误的参数次序调用函数、遗漏参数去调用函数等，接口错误就发生了。

7.4.2 游戏开发与测试过程

游戏软件的开发过程包括 3 个必要条件：设计(Vision)、技术(Technology)和过程(Process)。其中设计是对还没有实现的游戏从总体上的把握、前瞻性的理解与策略的考量；技术是指有了设计而没有技术的话，各种美妙的想法只能停留在虚无缥缈的阶段，必须通过技术来实现设计；过程则是指有了设计作为指导，有了技术作为保证，也不一定能够把好的想法转换成高质量的游戏。

1. 游戏测试与开发的关系

对于游戏开发而言，很难在传统的CMM/CMMI框架下定义一种固定的过程模型。游戏开发团队是一个长期的、持续的开发团队，游戏的过程实际上也是一个软件过程，只不过是特殊的游戏软件开发过程而已。图 7-4 是一套以测试作为质量驱动的迭代式游戏开发过程示意图。

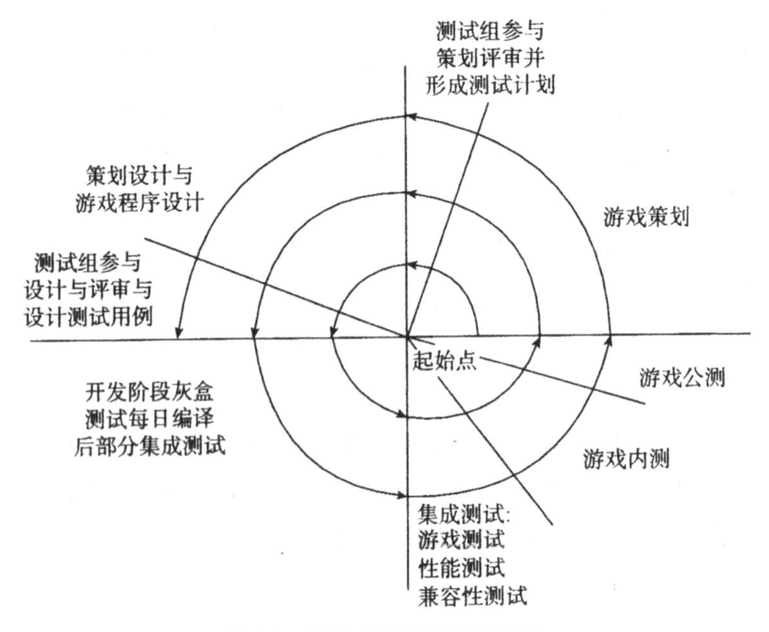

图 7-4 迭代式游戏开发与测试

从图7-4中可以看到，测试的工作与游戏的开发是同步进行的。在每一个开发阶段中，测试人员都要参与，这样能够尽早地、深入地了解到系统的整体与大部分的技术细节，从而在很大程度上提高了测试人员对错误问题判断的准确性，并且可以有效地保证游戏系统的质量。

2. 游戏与通用软件的开发有何区别

游戏开发过程一般包括游戏策划、游戏设计(其中包括游戏剧本等游戏元素的设计等)、编辑器设计(通常指游戏引擎)、关卡设计、关卡制作、游戏贴图、验收等阶段，常常是迭代开发并伴随着测试。而通常的软件开发包括需求调研、需求分析、概要设计、详细设计、编码、验收等阶段。

7.4.3 游戏测试主要内容

游戏可玩性测试是游戏测试的最重要内容，其本质是功能性测试。另外，游戏测试还可能包括性能、压力等方面的测试。游戏软件测试主要包含以下方面：

1)游戏基本功能(任务)测试，保证游戏基本功能被覆盖。

2)游戏系统虚拟世界的搭建，包含聊天功能、交易系统、组队等可以让玩家在游戏世界交互的平台。在构建交互平台的前提下进行游戏完整情节的系统级别的测试。

3)游戏软件的风格、界面测试。

4)游戏性能、压力等必要的软件特性测试。

虽然游戏策划时对可玩性做了一定的评估，但这是总体上的，一些具体的涉及某个数据的分析，比如PK参数的调整、技能的增加等一些增强可玩性的测试则需要职业玩家对它进行分析。这里主要通过以下4种方式来达到测试的目的：

1)内部的测试人员，他们都是精选的职业玩家分析人员，对游戏有很深的认识，在内部测试时，对上面的4点进行分析。

2)利用外部游戏媒体专业人员对游戏做分析与介绍,既可以达到宣传的效果,又可以达到测试的目的。

3)利用外部一定数量的玩家对外围系统测试。主要测试游戏的可玩性与易用性,发现一些外围缺陷。

4)游戏进入到最后阶段时,还要做内测、公测,有点像应用软件的 Beta 版的测试,让更多的人参与测试,测试大量玩家下的运行情况。

可玩性测试是游戏最重要的一块,只有得到玩家的认同,游戏才可能成功。

7.5 移动应用 App 测试

App 是基于移动互联网软件及软硬件环境的应用软件。App 测试就是要找出 App 中的缺陷,通过各种手段和测试工具,判断 App 系统是否能够满足预期标准。移动 App,由于增加了终端、外设和网络等多项元素,测试内容和项目也相应有所增加。

7.5.1 移动应用测试面临的挑战

随着智能移动设备的快速发展,全球智能手机的用量在 2012 年第三季度第一次超过了 10 亿台。越来越多的人依赖智能手机应用程序来管理账单、进行日程安排、收发电子邮件、上网购物等。移动应用的繁荣是显而易见的,智能手机正迅速成为消费者和企业重要的交互方法。每天都有成千上万的应用程序生成。移动应用存在于智能手机或平板电脑中。现在,应用程序甚至被应用到汽车、可穿戴技术设备和家用电器中。

因此,对移动应用程序的质量,尤其是操作友好、可靠、安全等要求也越来越高。但是,由于移动应用程序本身具有的特性,可以交付复杂功能的平台、有限的计算资源以及多样性等,其测试与传统的Web测试有很大的不同，面临着许多新的挑战，需要独特的测试策略来应对。

1. 移动网络连接

移动应用通过登录移动网络（包括无线网络、4G或蓝牙等）实现在线服务，因此在速度、可靠性和安全性方面存在很大的不同。较低的无线网络连接带宽导致程序运行缓慢和不可靠，是移动应用的主要问题。因此必须在不同的网络和连接性场景中执行功能测试；性能、安全性和可靠性测试则依赖于可用的连接类型。

2. 设备多样性

不同的场景需要不同的移动终端，并且支持不断加入的新的“感知器官”，如GPS、陀螺仪、多点触摸屏和相关应用等，涉及不同的硬件设备，各种各样的移动操作系统、不同的软件运行版本等。移动技术、平台和设备的多样性给开发和测试的兼容性带来了很大困难。

因此，跨平台应用程序的质量成为工程团队的一大挑战。

3. 资源限制

移动设备越来越强大，但它们的资源（如内存、磁盘空间、CPU等）却非常有限。比如，手机作为通用型消费品在企业级应用上存在许多缺陷，如电池续航能力、一/二维条码读取、RFID识别、IC卡读写、三防（防水/防尘/防震）耐用等方面。

举例来说，触屏是移动应用用户输入的主要方式。但是触屏系统响应时间依赖于设备资源利用率，在某些情况下（如低级硬件、处理器繁忙）响应会非常慢。触屏系统缺乏快速响应能力。因此必须在不同的情况下（如处理器负载、资源使用和内存负载）和不同的移动设备中测试触屏的功能。并且，用户界面显示与移动设备的分辨率、外形尺寸等参数有关。软件受屏幕大小限制，对相同的应用程序代码,GUI 测试也需要在各种不同的移动设备上执行。

移动应用程序的资源使用情况必须不断地被监控以避免性能退化和不正确的系统功能,必须采取有效措施控制资源短缺的发生。

4. 新的程序设计语言

为支持移动性、管理资源消耗、处理新的 GUIs,已经出现了新的移动应用程序开发语言,如 Objective-C。为了适用新的移动语言,传统的结构测试技术及相关的覆盖准则需要修改。字节码分析工具和功能测试技术需要能够处理二进制代码。

5. 上下文情境感知

移动应用程序支持传感数据输入,如声音、光线、动作、图像等,以及连接(如蓝牙、GPS、Wi-Fi、4G)设备。因此对于其运行场景的变化有着非常高的敏感度,根据环境和用户行为差别,所有这些设备可能提供大量不同的甚至不可预测的输入,包括亮度、温度、高度、噪声水平、连接类型、带宽、有邻设备等。

应用程序是否能够在任何环境和任何情境输入下正确地工作是测试的一个挑战,可能会导致组合爆炸。已经有学者在研究基于上下文相关的测试用例选择技术和覆盖准则,发现基于语境输入的相关 Bug 出现非常频繁。

6. 安全隐患

移动开放平台通常开放了获取设备 ID、位置、所连接的网络等信息,用户最关心的是应用是否会盗取用户的个人隐私信息。移动支付的迅速发展,让移动应用的安全问题逐渐被用户关注。在用户进行短信发送、支付等操作时这些数据可能被泄漏。比如,许多手机中都被植入了硬性的弹窗广告,当然其中也有恶意的木马程序。手机 App 的开发者是个人或公司,而事实上许多

App 开发商的技术不过关，因此在 App 中会留有缺陷或者漏洞。再加上像安卓市场这样的 App 平台审核不够严格，导致许多垃圾 App 出现在用户的手机上，如果只是伤害手机系统，那问题还不那么严重。但要是威胁到移动支付 App 和用户个人信息泄露，结果就会让用户损失惨重。智能机的升级越来越快，用户对智能机的依赖可能会超过 PC，因此移动设备上的软件质量成为一个关键问题。

7. 测试策略

测试策略如下：

1）考虑各种不同的设备及其操作系统，不可能完全进行人工测试，测试成本和时间很高。

2）仿真器不能模拟所有的移动设备，也不能模拟真实场景、屏幕大小、真实的 GPS 和传感器、打电话或发短信。

3）移动 OS 开发者频繁更新固件和 OS ROM 的版本，模拟器不能捕获这些更新。

4）模拟器本身存在缺陷。

因此测试策略的选择需要结合人工测试与自动化测试、内部测试组与外包团队、引导测试与探索式测试、模拟仿真与远程访问等多种方法。

从上述描述中可以看到，相比传统的 Web 系统测试，移动应用测试具有更大的复杂性和挑战性，除了基本的功能测试、性能测试、压力测试外，移动应用测试还应该关注用户体验测试、网络链接及其安全性检查、兼容性测试等。

有学者经过研究已经对移动应用程序的测试技术进行了一些归纳，如表 7-2 所示，可以作为开展移动应用测试工作的借鉴和启发。

表 7-2　移动应用测试技术分类

移动应用典型特征	对应的测试技术
连接特性	不同网络连接的功能、性能、安全性、可靠性测试
用户体验	GUI 测试
设备支持性(物理设备和操作系统)	基于差异覆盖测试的测试矩阵
触摸屏	可用性和性能测试
新程序开发语言	白盒、黑盒测试,字节码分析
资源限制	功能和性能监控测试
上下文感知	基于上下文的功能测试

7.5.2　移动应用测试工具

移动互联网发展至今,无论是 Android/iOS 官方的文档还是第三方开发的工具都层出不穷。在移动应用测试中,具有代表性的测试工具包括 Monkey、Robotium、Appium、Instrumentation 和 Robolectric 等。下面简单介绍 Monkey 和 Instrumentation。

1. Monkey

Monkey 是 Android SDK 提供的一个命令行工具,它可以简单、方便地运行在任何版本的 Android 模拟器和实体设备上。Monkey 会发送伪随机的用户事件流,适合对应用做压力测试。

Monkey 测试的基本流程是:选择被测试的机器或模拟器→输入制定过策略的命令→按回车键即可运行。

Monkey 工具提供多种参数,让测试变得多样化。例如,可以在命令中增加参数-ignore-crashes 和-ignore-timeouts,让 Monkey 在遇到崩溃或没有响应的时候,会在日志中记录相关信息并继续执行后续的测试。

2. Instrumentation

Android 提供了一系列强大的测试工具，针对 Android 的环境，扩展了业内标准的 JUnit 测试框架。尽管可以使用 JUnit 测试 Android 工程，但 Android 工具允许对应用程序的各个方面进行更为复杂的测试，包括单元层面和框架层面。

Android 执行测试活动的核心就是 Instrumentation 框架，在该框架下可以实现界面化测试、功能测试、接口测试甚至单元测试。Instrumentation 框架通过在同一个进程中运行主程序和测试程序来实现这些功能。

在 Android 系统中，测试程序也是 Android 程序。因此，它和被测试程序的构建方式有很多相同的地方。SDK 工具能帮助用户同时创建主程序工程及其他的测试工程。可以通过 Eclipse 的 ADT 插件或者命令行来运行 Android 测试工具。

7.5.3 移动应用程序测试

1. 质量要求

移动应用程序测试包括客户端、服务器的测试。由于客户端的“碎片化”问题严重，因此移动 App 测试重点更关注客户端的测试；服务器端的性能测试可以参考传统的测试方法和工具进行。

从软件质量和用户的角度来看，移动互联网应用关注的主要质量要求有：

1)功能性。要测试应用程序的基本功能、新增功能是否可用，界面与操作流程、业务功能等是否准确。

终端移动应用功能越来越复杂，测试难度、周期和工作量逐步加大，测试成本快速上升。

2)稳定性。用户在使用移动应用时，与终端的电话、短信、浏览器等基础业务经常产生功能交互，增加了移动应用的不稳定性。因此,需要测试在极限负荷下基本功能长时间持续运行或者反复运行等情况下的成功率。

3)可维护性。用户越来越关注应用业务的用户体验,在应用上线后需要持续对业务运营质量进行测试和监控。

4)性能。终端移动应用与终端、网络和服务的性能都有关系,性能遭遇瓶颈时,定位需围绕应用关联的整个链路来开展,包括被测程序的功耗、延时、响应时间、连接成功率、流量、并发用户数等核心性能指标。

5)兼容性。应考虑应用程序软硬件不同环境下的兼容性,包括终端设备品牌、配置、分辨率、操作系统平台与版本、浏览器等。

6)安全性。Android 病毒类型分布以资费消耗类、隐私获取类、诱骗欺诈类 3 种病毒类型为主。安全测试分为静态应用安全测试(SAST)和动态应用安全测试(DAST),包括访问权限限制、应用程序签名、恶意程序安全、权限命名机制、协议通信安全和用户数据隐私安全等方法。基于行为分析的移动设备新型安全测试正在浮出水面,这些测试可对图形用户界面(GUI)进行测试,并运行后台应用来探测恶意或风险行为。

2. 测试要点

(1)功能测试。重点测试主要功能和用户常用功能,另外需要测试的是:软件版本检测功能,即是否有提示版本更新;操作系统更新后对应用的功能是否有影响;有离线功能的应用,在离线状态下是否能够正常使用;离线后再连接网络(包括 Wi-Fi 或者 3G、4G 网络等),其基本功能是否能够正常使用,切换网络是否出现异常或导致之前的操作中断、信息丢失等。

(2)用户体验测试。以普通用户的身份去使用和感知一个产品或服务的舒适、有用、易用、友好等功能体验,是通过 GUI (Graphical User Interface)操作界面和流程实现的。测试的目的是验证操作流程是否能够让用户快速接受,是否符合用户使用习惯等。测试内容主要包括:

1)操作方式。测试触摸操作是否符合操作系统要求,是否符合用户使用习惯,不同的触摸操作和按钮操作是否存在冲突,是否有不可点击的效果,交互流程分支是否太多,界面中按钮可点击范围是否适中,是否定义 Back 的逻辑。

2)界面布局。测试界面是否符合移动终端平台的设计规范,是否支持横屏自适应窗口大小,色调是否统一,文字大小是否合理。

3)导航。测试导航操作是否直观,是否易于导航,是否需要搜索引擎,导航帮助是否准确直观,导航与页面结构、菜单、连接页面的风格是否一致。

4)图片。页面的图片应有其实际意义,而且要求整体有序美观,图片质量较高且图片尺寸在设计符合要求的情况下应尽量小,图片加载速度应使用户能够接受,同时要检测是否有敏感性图片。

5)内容。检测说明文字的内容与系统功能是否一致,文字内容是否表意不明,是否有错别字,是否有敏感性词汇、关键词。

3.兼容性测试

兼容性测试可以分为内部兼容性测试和外部兼容性测试。需要测试的内容有:

1)系统平台。测试移动设备的存储空间、带宽、分辨率、运行能力等限制;测试网络环境,包括是否存在网络切换导致的连接不稳定,用户频繁操作是否导致程序异常,用户是否能够接受流量的消耗。

2)兼容性。测试程序与本地或主流 App 是否兼容。

4.性能测试

性能测试主要评估产品应用的时间特性和空间特性,包括:

1)响应能力。App 的安装、启动、卸载、运行等操作是否满足用户响应时间要求。

2)压力测试。反复/长期操作下、系统资源(包括CPU占用、内存占用、电量消耗等)是否异常。

3)Benchmark测试(基线测试)。进行与竞争产品的Benchmarking测试,包括产品演变对比测试等。

4)极限测试。在各种边界压力情况下,如电池、存储、网速等,验证App是否能正确响应,如内存满时安装App、运行App时手机断电、运行App时断掉网络等。

5.安全性检查

1)软件权限检查。检查用户注册登录信息的安全性,与个人财务账户有关的信息是否及时退出,访问手机信息、访问联系人信息等是否存在隐私泄露风险,应用程序是否存在扣费风险,是否对App的输入有效性校验、认证、授权、敏感数据存储、数据加密、读取用户数据等方面进行检测。

2)数据安全性检查。确保输入的密码将不以明文形式显示,也不会被解码;密码或其他的敏感数据不会被储存在设备中;备份应该加密;恢复数据应考虑恢复过程的异常;应用程序应当有异常保护。

3)安装、卸载安全性检查。应用程序应能正确安装到设备驱动程序上;能够在安装设备驱动程序上找到应用程序的相应图标;检查是否包含数字签名信息;没有用户的允许,应用程序不能预先设定自动启动;检查卸载是否安全,卸载应该移除所有的文件;如果数据库中重要的数据正要被重写,应及时告知用户检查;被修改的配置信息是否复原;检查卸载是否影响其他软件的功能。

4)网络安全性检查。公共免费网络环境中通过SSL认证来访问网络,需要对使用HTTP Client的Library异常作捕获处理。

6.安装卸载测试

1)安装测试。测试程序在不同操作系统下安装是否正常;测试安装空间不足时是否有相应提示;测试软件安装过程是否可以取消;测试软件安装过程中意外情况(如死机、重启、断电)的处理是否符合需求;测试是否有安装进度条提示。

2)卸载测试。测试直接删除安装文件夹卸载是否有提示信息;测试直接卸载程序是否有提示信息;测试卸载文件后是否全部删除所有的安装文件夹;测试卸载过程中出现的意外情况(如死机、断电、重启)的处理是否符合需求;测试卸载是否支持取消功能;测试单击取消后软件卸载的情况如何;测试是否有卸载状态进度条提示。

7.6 云计算软件测试

近年来,云计算技术的出现给软件生产组织及软件架构设计带来了巨大的影响。软件即服务(Software as a Service,SaaS)、平台即服务(Platform as a Service,PaaS)、基础设施即服务(Infrastructure as a Service,IaaS)是云计算的基本服务模式,这些服务模式的出现改变了软件产品的生产和消费方式,软件测试的方法、技术和工具也需要随之变化。

在云计算环境下,将软件测试过程迁移到云中,应用云计算平台提供的计算和存储等资源进行各种测试活动,这是一种新型的软件测试方式,是云计算技术的一种新应用。云计算的出现必然会给传统软件的测试方式带来深刻变革,相关软件工程测试的方法、工具以及概念都会因此发生变化。

7.6.1 云测试基本概念

云测试是通过"云"而实施的一种软件测试,由于与"云"的结合,它在测试方法、手段、过程等方面,具有一些自己独有的特征:

1)测试资源的服务化。软件测试本身以统一接口、统一表示方式实现为一种服务，用户通过访问这些服务，实现软件测试，而不用关注"测试"所使用的技术、运行过程、实现方式等。比如，要对某个软件进行测试，用户只需提交软件，提交的方式可能是源代码、可执行文件，或者已经部署好的系统，然后就可以访问云测试服务，直接执行测试，并获得测试结果。

2)测试资源的虚拟化。云计算的虚拟化实现方式，为云测试的虚拟化提供了较大的便利，测试资源的虚拟化，使测试资源可以随用户的需求提供动态延展。

7.6.2 云测试方法和技术

从前面云测试特点所涉及的内容来看，可以认为云测试是一种有效利用云计算环境资源对其他软件进行的测试，或是一种针对部署在"云"中的软件进行的测试。

1. 云环境中的测试和针对"云"的测试

云测试的过程中经常会同时涉及在云环境中的测试和针对"云"的测试，比如部署在云环境中的软件需要进行测试，而此测试又要调用云计算环境的资源，这就同时涉及上面提到的两个方面。

(1)在云环境中的测试。在云环境中的测试主要利用云资源对其他的软件系统进行测试，涉及与云测试密切相关的资源调度、优化、建模等方面问题，以便为其他软件搭建廉价、便捷、高效的测试环境，加速整个软件测试的进程。在这一类型的测试中，其他的软件可以是传统意义上的本地软件，也可以是"云"中的应用软件服务。而且，作为一种可以快速获得的有效资源，云计算已经参与到软件测试的各阶段中。云计算能够快速配置所需测试环境，此种转变必然会给传统测试方式带来变革。

(2)针对"云"的测试。针对"云"的测试涉及云计算内部结构、功能扩展和资源配置等多方面测试问题。测试部署在云环境中的各种云计算软件。在针对“云”的测试中，各层的云服务对一般服务用户是透明的，它由大量动态、异构、复杂的系统构建，并且随着业务需求的变化，系统还在不断更新和演化，这必然导致很多隐藏的错误不容易被发现，因此一般需要考虑如下几个主要方面的测试内容，如图7-5所示。

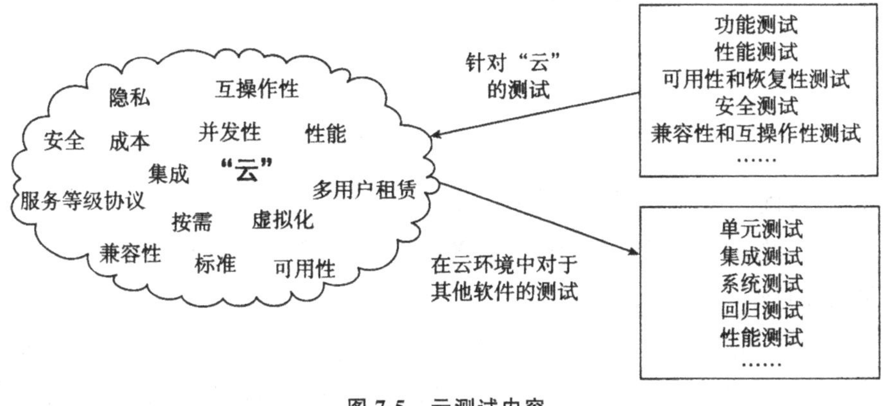

图7-5 云测试内容

1)功能测试。与传统的软件类似，功能测试主要包括单元、集成、系统测试等内容，确保开发的云服务功能能够满足用户需求。

2)性能测试。性能测试包括压力和负载测试，测试云服务的性能能否满足用户按需服务的要求。

3)可用性和恢复性测试。可用性和恢复性测试主要针对发生灾难性事件后，“云”中的数据能够在较短暂的时间内快速恢复，使得云服务的可用性较高。

4)安全测试。安全测试是为了确保云服务中存储、流动数据的保密性、完整性。“云”的安全是云服务能否使用的关键。

5)兼容性和互操作性测试。兼容性和互操作性测试是为了确保开发的云服务能够运行在不同的配置环境下，如不同的操作系统、浏览器、服务器等。

(3)迁移测试到“云”中。迁移测试到“云”中是指迁移传统的测试方法、过程、管理、框架到云环境中。迁移测试到“云”中包含在图7-5所示的两类测试中，这既有第一种云环境中的测试，也含有第二种针对“云”的测试问题，是两者的交叉。前者是指利用云环境测试其他软件，解决以往传统测试中资源获取的局限性问题，后者是指迁移传统的测试方法到“云”中，解决部署在云计算中软件的测试问题。

7.6.3 云测试现状及挑战

1. 云测试现状

目前云测试主要应用于以下 3 个方面。

1)测试人员利用云测试服务商提供的测试环境，运行自己的测试用例。

2)云测试服务商为测试人员提供测试执行的服务。测试人员编写好测试用例后，提交给云测试平台，云测试平台执行测试并返回测试结果。例如常见的性能测试，测试人员需要将测试用例、虚拟用户数、网络连接配置等性能参数提供给云测试平台，云测试平台通过性能测试软件，例如，LoadRunner 来执行测试，并生成性能测试报告。

3)测试中需要使用软件工具或测试运行于不同测试环境。例如，测试软件在不同硬件环境平台下的运行；测试软件运行于不同操作系统、数据库环境，浏览器对平台的适应性；测试软件在安装了不同防火墙及防病毒软件的环境下运行时的可靠性；自动化的功能测试以及性能测试等都适用于云测试。随着云计算技术的发展，云测试提供商提供的服务越来越多，适合于云测试的项目也将不断增加。

2. 云测试挑战

云计算具有众多的优势，不可避免地对测试带来了极大的挑战，体现在以下几个方面：

1)数据安全。用户数据都是基于云环境的，会涉及用户敏感数据的隐私问题;同时随着应用信息的交互,这些数据会在不同系统之间流动。所有这一切都需要通过测试来保障数据的安全性。

2)集成问题。云计算软件系统必然是由多个异构系统构成的,为用户提供不同的云计算服务,满足了用户的需求,但也增加了系统的复杂性。而这些异构系统彼此间很难获得对方的代码,加大了集成测试的难度。

3)多用户租赁。云平台上的云应用是多用户租赁环境下的应用系统。多个用户共享一个实例化的应用实体及数据达到个性需求的目的,这就要求用户能够正确完成自身的操作功能。而彼此间的并发操作不会产生相互影响,对测试而言,这是一种极大的挑战。

4)服务保障。尽管云服务推崇的是资源和性能的可扩展性、可用性,但实际中,比较著名的云厂商(如 Amazon、Google 等)也出现过由于故障(如响应时间延长、网络带宽等)导致服务不可用的情况。这大大降低了人们使用云服务的热情。如何构建这样的一个可用性测试环境显得比以往更为复杂。

5)并发问题。云服务可以迅捷地提供测试其他软件所需的资源和环境,但并不是所有的测试过程和场景都适合云测试框架,需要考虑系统间、测试用例间的相互依赖关系。

6)兼容和交互性。云计算中的软件运行在多个不同环境中,因此测试比以往都要复杂,测试的环境显得更加不可控制,需要考虑“云”中软件和不同环境的兼容性以及与其他“云”的兼容问题。

7)虚拟化问题。虚拟化技术提高了资源的利用效率,然而,并不是所有的测试方案都支持虚拟化技术。同台机器上产生的多个虚拟设备存在资源的竞争机制,这样测试的结果可能会与实际有偏差。

第 8 章　测试工具

合理地采用测试工具可以有效提高测试工作效率，测试人员或开发人员可以更方便地记录和监控每个测试活动、阶段的结果，找出软件的缺陷和错误，记录测试活动中发现的缺陷和改进建议。测试用例可以被多个测试活动或阶段复用，可以输出测试分析报告和统计报表。有些测试管理工具可以更好地支持协同操作，共享中央数据库，支持并行测试和记录，从而大大提高测试效率。

8.1　概述

软件测试是一项很复杂而费时的工作，仅仅依靠测试人员手工完成是很困难的。所以，必须研究测试工具以帮助测试人员自动或半自动地完成测试。好的测试工具能够提高测试效率从而降低测试成本，选择更高的测试充分性标准进行测试从而提高软件质量。目前市场上的软件测试工具，根据测试工具原理的不同分为静态测试工具、动态测试工具和软件测试管理工具等，其中，软件测试管理工具还可以划分为缺陷管理工具和测试管理工具。

8.1.1　静态测试工具

静态测试工具直接对代码进行分析，不需要运行代码，也不需要对代码编译链接，生成可执行文件。静态测试工具一般是对代码进行语法扫描，找出不符合编码规范的地方，根据某种质量模型评价代码的质量，生成系统的调用关系图等。常用的静态测试工具有 Logiscope，PRQA，SpyGlass、PrimeTime，Formalpro，QuestaFormal 等。其他静态测试工具有：

1）McCabe 公司的 McCabe IQ，支持 C、C＋＋、Java、Ada、Visual Basic 和.NET，用于静态结构分析、代码复杂度和覆盖率分析，包含 McCabe Test、McCabe QA、McCabe Reengineering 等组件。

2）Gimpel 公司的 PC-LINT，支持 C、C＋＋。

3）PolySpace 公司的 PolySpace，支持 C、C＋＋、Ada，能够进行代码静态分析。

8.1.2　动态测试工具

动态测试工具与静态测试工具不同，动态测试工具一般采用"插桩"的方式，向代码生成的可执行文件中插入一些监测代码，用来统计程序运行时的数据。其与静态测试工具最大的不同就是动态测试工具要求被测系统实际运行。常用的动态测试工具有 QA-Center、WinRunner、JUnit、Testbed、CodeTest、QuestaSim 等。

其他动态测试工具有：

1）Compuware 公司的 DevPartner，支持 C＋＋、Java、Visual-Basic，包含代码覆盖率分析工具 TrueCoverage、代码效率分析工具 TrueTime 和内存分析检查工具 BoundsChecker。

2）IBM 公司的 Rational PurifyPlus，支持 Java、C/C＋＋、VisualBasic 和.NET，包含代码覆盖率分析工具 PureCoverage、代码效率分析工具 PureQuantity 和内存检查工具 Purify。

8.1.3　软件测试管理工具

软件评测是发现软件问题、确保软件质量的有效手段，而软件评测的质量取决于测试技术水平和测试过程管理水平。为保证软件评测项目按时、保质完成，加强评测工作的组织和科学管理显得尤为重要。评测过程管理中存在管理工作节点众多、相互间依赖性强、评测项目信息及数据繁杂、评测文档之间一致性难以保障等多个难题，给评测过程的管理带来了很大的麻烦，且效率低、效果差。因此，选择一个好的、合适的测试管理工具能够对测试过程实施科学有效地管理，提高效率。常用的测试管理工具有 TestCenter、TP-Manager 等。

8.2 静态测试工具

8.2.1 Coverity

Coverity 是最新一代的源代码静态分析工具，技术源于斯坦福大学，能够快速检测并定位源代码中可能导致产品崩溃、未知行为、安全缺口或者灾难性故障的软件缺陷。Coverity 具有缺陷分析种类多、分析精度高和误报率低等特点，是业界误报率最低的源代码分析工具（小于 10%）。Coverity 也是第一个能够快速、准确分析当今大规模（百万行、千万行甚至上亿行）、高复杂度代码的工具，目前已经检测了超过 50 亿行专有代码和开源代码。全球有超过 1100 家品牌和企业依靠 Coverity 确保其产品和服务的质量与安全。诸多行业领导者利用 Coverity 交付高质量产品，维护竞争优势。

8.2.2 Logiscope

Logiscope 是法国 Telelogic 公司推出的专用于软件质量保证和软件测试的产品。Logiscope 是面向源代码进行工作的，应用于软件的整个生命周期，主要是对软件做质量分析和测试以保证软件的质量，并可实现认证、反向工程和维护，特别适合针对可靠性和安全性要求高的软件项目。

在设计和开发阶段，使用 Logiscope 对软件的体系结构和编码进行确认，可以在尽可能的早期阶段检测那些关键部分，寻找潜在的错误，可帮助项目组成员编制符合企业标准的文档，改进不同开发组之间的交流。在测试阶段使用 Logiscope，可针对软件结构，度量测试覆盖的完整性，评估测试效率，确保满足测试要求，还可以自动生成相应的测试分析报告。在软件维护阶段使用 Logiscope，能够验证软件质量是否已得到保证。对于状态不确定的软件，Logiscope 可以迅速提交软件质量的评估报告，大幅度减少理解性工作，避免非受控修改引发的错误。该产品的最终目的是评估和提高软件的质量等级。

Logiscope 包括 3 个工具，下面分别介绍其功能。

(1) Logiscope RuleChecker。根据工程中定义的编程规则自动检查软件代码错误，Logiscope RuleChecker 可直接定位错误。该工具包含大量标准规则，用户也可定制创建规则，包括结构化编程规则、面向对象编程规则等。具体而言，这些规则有：命名规则，如变量名首字母大写等；控制流规则，如不允许使用 GOTO 语句等。这些规则可以根据实际需要进行选择，也可以按照自己的实际需求更改和添加规则。

Logiscope 提供编码规则与命名检验，这些规则根据业界标准和经验制订。因此，应建立企业可共同遵循的规则与标准，避免不良的编程习惯及彼此不相容的困扰。同时 Logiscope 还提供规则的裁剪和编辑功能，可以用 Tcl、脚本和编程语言定义新的规则。

(2) Logiscope Audit。Logiscope Audit 可以定位错误模块，评估软件质量及复杂程度。该工具提供代码的直观描述，具体的图形表示法有以下 3 种：

1) 整个应用的体系结构。显示部件之间的关系，评审系统设计。

2)具体部件的逻辑结构。通过控制流图显示具体部件的逻辑结构,评审部件的可维护性。

3)评价质量模型。通过度量元对整个应用源代码进行度量,并作出 Kiviat 图显示分析结果,对可维护性作出评判。

Logiscope Audit 采用的是包括软件质量标准化组织制定的 ISO 9126 模型在内的质量模型,该模型是一个 3 层的结构组织,包括:

1)质量因素。

2)质量准则。

3)质量度量元。

(3)Logiscope TestChecker。Logiscope TestChecker 可以测试覆盖分析,显示没有测试的代码路径,作出基于源码的结构分析。该工具提供指令覆盖、判定覆盖、条件组合覆盖等信息,可以提高测试效率,协助进行进一步测试。同时,Logiscope 支持对嵌入式系统的覆盖率分析。

目前,Logiscope 产品在全世界 26 个国家的众多国际知名企业中得到了广泛的应用,其用户涉及通信、电子、航空、国防、汽车、运输、能源及工业过程控制等众多领域。

8.2.3 PRQA

PRQA 公司成立于 1986 年,总部在英国。PRQA 被世界范围内的高级软件开发人员、行业专家、标准团体认可为编程标准专家,一直致力于通过静态分析来自动化地检查编程标准的遵循并发现软件的缺陷。PRQA 的主要业务是代码完整性管理系统的开发,保证软件质量,提供相关的自动化测试/管理工具,提供专业的咨询和培训业务。其产品以及服务广泛应用于汽车、电子商务、医疗器械、生产和通信等领域。

PRQA 的主要产品包括 QAC/QAC++、QA. MISRA C/

QA. MISRA C++。

QAC/QAC++是一个完全自动化的代码静态分析工具，可以提供编码规则检查、代码质量度量、软件结构分析等功能，QAC/QAC++以其能全面而准确地发现软件中存在的潜在问题的能力得到客户的广泛认可。

8.2.4 SpyGlass

1. 概述

SpyGlass 是由 Atrenta 公司开发的 EDA 软件，可以用来对可编程逻辑器件软件进行编码规则检查和跨时钟域分析。SpyGlass 能够覆盖主流的编码规则集，是目前 FPGA、ASIC 开发领域中编码规则覆盖最广泛的工具之一。

2. 功能

(1)编码规则检查。进行编码规则检查时，SpyGlass 软件通过分析 RTL 代码，检查代码的编写模式、规范、风格，将扫描结果与相应的规则库进行匹配，如出现违反相应规则的情况，则根据严重等级予以标识。其主要功能如下：

1)支持 SPARC、Lint、More Lint、SpyGlass、Sec、OpenMore 等主流规则集。

2)覆盖 Do-254 规范中编码相关规则的要求。

3)用户可以根据需要选择所要使用的规则集，并可以从各个规则集中抽取特定的规则形成自定义的规则集。

4)根据违反规则的类型和程度确定问题等级，分别为 Error、Warning 和 Information 等级，便于用户有侧重点地排查和分析问题。

5)针对违规代码模块，给出影响分析和修改建议，便于用户进行问题的定位和分析。

6)能够以图形化的方式表示RTL代码生成的电路模型。

7)统计分析各个设计模块的编码违规情况。

8)支持VHDL、Verilog、System Verilog等主流设计语言,并支持对混合语言设计的编码规则检查。

(2)跨时钟域分析。进行跨时钟域(CDC)分析时,通过扫描RTL设计代码或综合后的设计模型,抽取设计中存在的各种时钟信号,并将其转化为时钟树。然后根据开发人员提供的时钟约束和时钟关联信息,分析各个时钟信号的约束和时钟是否正确,时钟信号的传递和时钟是否违规,存在多个时钟信号的设计模块的时钟信号同步是否正确等。其主要功能如下:

1)分析和抽取设计中存在的时钟信号,辅助建立完整的时钟约束。

2)抽取设计的时钟、复位及I/O信号之间的关系,验证测试人员提供的各种约束信息是否完整有效,测试人员可以依据扫描的结果对约束文件进行修改和补充。

3)检查设计约束的完整性和正确性。

4)对开发人员提供的RTL设计进行预综合,根据约束文件对设计的时钟和复位是否存在毛刺、竞争等设计风险进行检查。

5)根据约束文件对设计的跨时钟域结构进行抽取并验证所涉及的信号是否进行了正确有效的同步化处理。

6)抽取的正确跨时钟域结构,使用自带的仿真引擎进行形式化功能验证,检查各个跨时钟域结构在正确同步的基础上是否满足实际的功能需要。

7)以图形化的方式给出存在跨时钟域问题的电路结构、违规模块在整个设计中所处的位置,标注存在跨时钟域问题的各个时钟节点、时钟传递路径等信息,便于设计人员进行问题追踪和排查。

8)根据潜在的跨时钟域风险大小,给出问题严重等级,并提供规范的修改建议。

9)检查复位信号的正确性,及各个模块对复位信号的相应机制是否合理。

10)支持 Verilog、VHDL、System Verilog 等主流设计语言及其混合设计。

11)生成跨时钟域分析报告,报告给出存在跨时钟域风险的各个设计模块的具体信息,包含错误等级、风险类型、时钟信息、代码行、原因等信息。

3. 产品应用

SpyGlass 能够很方便地执行大规模复杂 FPGA 设计的编码规则检查和跨时钟域分析工作,具有分析效率高、错误信息漏报误报率低的优势。

8.2.5 PrimeTime

1. 概述

PrimeTime 是 Synopsys 公司推出的一款用于对可编程逻辑器件和 ASIC 电路进行静态时序分析的软件,该软件运行于 Linux/Solaries 环境下,是目前应用比较广泛的静态时序分析工具。

2. 功能

PrimeTime 主要完成对以下内容的分析:

1)建立和保持时间的检查(Setup and Hold Checks)。

2)时钟脉冲宽度的检查。

3)时钟门的检查(Clock-Gating Checks)。

4)复位信号 Recovery 时间和 Removal 时间检查。

5)无时钟信号输入的时序器件的检查(Unclocked Registers)。

6)未约束的时序端点(Unconstrained Timing Endpoints)。

7)多时钟输入的时序器件的检查(Multiple Clocked Registers)。

8)组合反馈回路识别与分析(Combinational Feedback Loops)。

9)基于设计规则的检查,包括对最大电容、最大传输时间、最大扇出的检查。

10)最大延迟路径的时序余量分析。

11)时钟偏移的影响分析与评估。

12)不同工况下时钟余量分析。

3. 产品应用

PrimeTime 采取穷尽的方法提取整个 FPGA 设计的时序电路,通过计算信号在各个路径上的传播延迟,对最大延迟和最短路径进行分析,计算时序余量,检查设计中是否存在违背时序约束的错误。PrimeTime 能够快速高效地对大规模 FPGA 设计进行时序分析,极大地节省时序仿真的开销,提高开发和验证效率。

8.2.6 Formalpro

1. 概述

Formalpro 是一个形式化验证工具,用于检查两个设计(或对等实体)在逻辑功能上是否等价,是一款常用的逻辑等效性检查工具。该技术可以验证 RTL、综合后网表、门级网表、布局布线后的网表在逻辑上是否等价。

2. 功能

Formalpro 通过完整提取设计中不同层次的参考点,参照名称和接口匹配这些参考点,验证不同层次的设计是否保持逻辑上的一致性。该工具的主要功能如下:

1)支持多种主流 RTL 语言,如 VHDL、Verilog、System Verilog 等主流设计语言,作为验证端输入。

2)支持渐进式的设计验证,验证过程中仅重新编译更动后的代码,提高验证效率。

3)验证过程中的任何时间点均可暂停和开始。

4)辅助验证人员手工编写匹配文件,支持正则表达式匹配方法。

5)支持图形界面和命令行界面。

6)以图形化的方式完整显示被验证的两个设计的电路模型,高亮显示不匹配的电路结构、RTL 代码等信息。

7)明确表示不匹配点,以图形化方式标注不匹配的参考点,便于错误定位和双向追踪。

8)支持调试工作模式,便于验证人员更加直接地判定匹配情况,并动态调整匹配文件。

9)能够给出完整的匹配报告,详细给出匹配情况和分析结果。

3. 产品应用

Formalpro 能够帮助设计者很快地检测出设计中的错误并将之隔离,大大缩短验证所需要的时间。比如,开发人员在对 RTL 代码级别的设计进行了充分功能仿真后,只需使用逻辑等效性检查技术验证综合后的网表文件或布局布线后的网表文件与 RTL 代码在逻辑上是否等价即可,从而保证 FPGA 设计功能验证的充分性,节省了进行门级仿真、时序仿真耗费的大量时间。

8.2.7 FindBugs

FindBugs 是一个开源的 Java 代码静态检查工具。FindBugs 通过检查类或者 JAR 文件,将字节码与一组缺陷模式进行对比,以发现可能的问题。与基于源代码分析的静态检查工具(如

Checkstyle 和 PMD)不同,FindBugs 并不检查格式方面的问题,而是着重寻找潜在的缺陷与性能问题,列举如下:

1)正确性(Correcmess),即可能会导致 Bug 的问题。

2)不良实践(Bad Practice),即代码违反了公认的最佳实践标准。

3)多线程正确性(Multithreaded Correctness),包括同步和多线程方面的问题。

4)性能(Performance),即可能引发性能方面的问题。

5)安全性(Security),即可能引发安全相关的问题。

6)危险性(Dodgy),即该类型代码很可能导致缺陷。

FindBugs 既可以作为单独程序运行,也可以作为 Eclipse 插件。本章介绍后一种情况,使用的 Eclipse 版本为 Indigo Service Release 2。

(1)安装 FindBugs 插件。从网站 http://sourceforge. Net/projects/findbugs/files/中下载 FindBugs Eclipse Plugin,然后将下载的压缩文件解压到 Eclipse 的 Plugins 文件夹内,即完成了安装。

(2)打开 FindBugs 视图。启动 Eclipse,选择 Window→Show View→Other 命令,在弹出的对话框中展开 FindBugs 选项,选择 Bug Explorer 选项。

(3)以自动模式运行 FindBugs 插件。在这种模式下,FindBugs 插件在整个工程或单独的 Java 文件生成(Build)时查找缺陷模式。因此如果设置了 Eclipse 自动编译选项(在 Project 菜单下选择了 Build Automatically 命令),当修改完 Java 文件保存时,FindBugs 就会运行并在 Bug Explorer 视图中显示相应的信息。使用步骤如下:

1)右击 Java 工程,在弹出的快捷菜单中选择 Properties 命令。

2)在弹出的对话框中选择 FindBugs 选项,并选择 Run Automaticauy 复选框。

3)单击 OK 按钮。

(4)以手动模式运行 FindBugs 插件。以自动模式运行 FindBugs 插件时可能非常费时,此时可以选择以手动模式运行该插件,即自动模式的设置中,不要选择 Runautomatically 复选框。使用步骤如下:

1)右击要检测的工程、包或文件。

2)在弹出的快捷菜单中选择 FindBugs 命令。

3)检查完成后在 BugExplorer 视图中显示问题列表,双击问题,即可定位到具体的代码行。

8.3 动态测试工具

8.3.1 JUnit

JUnit 是开源软件,是一个简洁、实用和经典的单元测试框架,JUnit 以 Rar 包的方式分发,可以到 SourceForge. net 网站下载 JUnit4 和 JUnit3 的各版本。SourceForge. net,又称 SF. net,是开源软件开发者进行开发管理的集中式场所。在主页上输入 JUnit 进行搜索,就可进入 JUnit 下载页面。下载页面中列出 JUnit4 和 JUnit3 各种版本,根据需要单击相应的压缩文件就可下载。当前,JUnit 的新版本是 5.0,但由于它还是测试版,故在此使用 JUnit 4.10。JUnit 下载后,解压文件到指定的文件夹,并将 JUnit. jar 加入到 CLASSPATH 中。如果使用 Eclipse 工具,则可以在项目属性的 Build Path 中单击"Add Library"选项,选择 JUnit 的 jar 包即可。

Assert 是 JUnit 框架的一个静态类,包含一组静态的测试方法,用于期望值与实际值比较是否正确。如果测试失败,Assert 类就会抛出一个 AssertionFailedError 异常,JUnit 将这种错误归入失败并加以记录，同时标志为未通过测试。如果该类方法中指定一个 String 类型的参数，则该参数将被作为 AssertionFailed-Error 异常的标识信息，告诉测试人员该异常的详细信息。

JUnitAssert 类提供了 6 大类 38 个断言方法，包括基础断言、数字断言、字符断言、布尔断言、对象断言等。表 8-1 列出了 8 个核心断言方法。

表 8-1　JUnitAssert 的 8 个核心断言方法

方　法	描　述
AssertTrue	断言条件为真。若不满足，方法抛出带有相应的信息（如果有）的 AssertionFailedError 异常
AssertFalse	断言条件为假。若不满足，方法抛出带有相应的信息（如果有）的 AssectionFailedError 异常
AssertEquals	断言两个条件相等。若不满足，方法抛出带有相应的信息（如果有）的 AssertionFailedError 异常
AssertNotNull	断言对象不为 null。若不满足，方法抛出带有相应的信息（如果有）的 AssertionFailedError 异常
AssertNull	断言对象为 null。若不满足，方法抛出带有相应的信息（如果有）的 AssertionFailedError 异常
AssertSame	断言两个引用指向同一个对象。若不满足，方法抛出带有相应的信息（如果有）的 AssertionFailedError 异常
AssertNotSame	断言两个引用指向不同的对象。若不满足，方法抛出带有相应的信息（如果有）的 AssertionFailedError 异常
Fail	强制测试失败，并给出指定信息

表 8-1 中，AssertEquals（Object Expected，Object Actual）的内部逻辑判断使用 Equals()方法，这表明断言两个实例的内部哈希值是否相等时，最好使用该方法对相应类实例的值进行比较。

AssertSame（Obiect Expected，Object Actual）内部逻辑判断使用了 Java 运算符“==”，这表明该断言判断两个实例是否来自于同一个引用（Reference），最好使用该方法对不同类的实例的值进行比较。

AssenEquals（String Message，String Expected，Object Actual)方法对两个字符串进行逻辑比较,如果不匹配则显示两个字符串有差异的地方。ComparisionFailure 类提供两个字符串的比较,若不匹配则给出详细的差异字符。

8.3.2 CodeTest

CodeTest 是专为嵌入式系统设计的软件测试工具,CodeTest 为追踪嵌入式应用程序、分析软件性能、测试软件的覆盖率以及内存的动态分配等提供了一套实时在线的高效率解决方案。CodeTest 还可以通过网络远程检测被测系统的运行状态,可以满足不同类型的测试环境,给整个开发和测试团队带来高品质的测试手段。CodeTest 可以支持几乎所有的主流的嵌入式软件和硬件平台,可以支持多种 CPU 类型和嵌入式操作系统。CodeTest 可支持几乎所有的 32/64 位 CPU 和部分 16 位 MCU,支持的数据采集时钟频率高达 133 MHz。CodeTest 可通过 PCI/cPCI/VME 总线采集测试数据,也可通过 MICTOR 插头、飞线等手段对嵌入式系统进行在线测试,无需改动被测系统的设计,CodeTest 与被测系统的连接方式灵活多样。

CodeTest 包括以下 3 个产品,分别用于嵌入式软件系统开发的不同阶段的测试,可满足不同应用的需求。

(1)CodeTest Native。在早期的开发阶段,采用 CodeTest Native 的插桩器可以实现较快的软件测试和分析。虽然此阶段的测试和分析不是实时测试,但这是没有目标硬件连接时分析和查找问题的最好方法。采用 CodeTest,可以通过提高软件测试的代码覆盖率、查找和分析内存的泄漏和深度追踪来确保软件的正常运行。

(2)CodeTest SWIC(Software in Circuit)。当有硬件连接到测试系统时,可以采用目标硬件工具。一般说来,在这一阶段,逻辑分析仪、仿真器和纯软件工具可以用来确定系统是否正常工作,但是采用这些测试工具往往增加了工程师工作的难度和压力。而采用 CodeTest SWIC,通过目标代理来测试和分析目标硬件,无需使用硬件工具。CodeTest SWIC 插桩器还可以很方便地让用户从 CodeTest Native 的 Desktop-Stimulated 测试跳转到目标硬件的实时测试。跳转后,插桩器、脚本的文件格式和数据不受 Native 环境影响。对于大多数开发者,CodeTest 可以大大节约开发的时间。虽然 CodeTest SWIC 工具不提供外部硬件测试系统的细节情况,但其为硬件测试难题提供了解决方案,具有强大的代码覆盖分析、内存分析和追踪分析功能,且在真实硬件环境中运行,价格低廉。

(3)CodeTest HWIC(Hardware in Circuit)。当进入此阶段时,会需要一组能提供监视软件测试深度和精确度的工具链。CodeTest HWIC 工具采用外部硬件辅助和相应的通信系统来实现最大程度的软件实时测试。与逻辑分析仪和仿真器不同,CodeTest HWIC 具有处理复杂嵌入式系统的实时测试能力。CodeTest 外置探测的硬件系统主要包括控制和数据处理器、大容量内存和可编程的升级定时器,因此大型测试的时间精度可在±50 ns 内。CodeTest HWIC 除了提供测试代码覆盖率分析、内存分析和追踪分析,其精确的实时测试能力还可以查出软件性能和质量上的问题所在。

该产品目前支持 CPU:PowerPC、ColdFire、ARM、x86、MIPS、DSP(TI、ADI、Starcore)等;操作系统:VxWorks、AE、OSE、QNX、pSOS、Chorus、Lynux、Win CE、Linux、麒麟等;总线:PCI、cPCI、PMC、VME 等;处理器:29K、68K、ARM、Coldfire、H8、i960、MIPS、MPC8xx、PowerPC、SH、SPARC、X86;操作平台:Windows 95/NT、UNIX。

8.3.3 QuestaSim

1.概述

QuestaSim 是 Mentor Graphics 公司推出的用于可编程逻辑

器件仿真测试的工具，能够对被测设计进行功能仿真、门级仿真和时序仿真，是目前应用最为广泛的 FPGA 仿真测试工具。

2. 功能

QustaSim 是 FPGA 仿真工具 ModelSim 的升级版，相比 ModelSim 工具，其在仿真性能、覆盖率、界面优化、运行效率和稳定性等方面均有较大提升，主要功能和优点如下：

1）支持主流芯片厂商如 Altera、Xilinx、Actel 等的芯片类型，并能够与厂商提供的 EDA 工具方便地集成，便于开发过程中进行仿真验证和设计迭代。

2）支持大规模 FPGA 设计的仿真，仿真速度优于其他的仿真工具。

3）能够收集功能、条件、分支、语句、条件、状态机、翻转、断言等多种类型的覆盖率信息，便于评估仿真测试的充分性，同时支持覆盖率的累计、合并和未覆盖点的分析，并能够生成数据库、网页或文本类型的覆盖率统计信息，通过关联测试覆盖率和测试对象，促进验证进度跟踪和测试资源的高效配置。

4）支持 OVM、UVM 等高级验证方法学。

5）支持主流 RTL 语言如 VHDL、Verilog、System Verilog 等，支持混合语言设计的复杂 FPGA 设计的仿真验证。

6）能够辅助搭建测试平台的框架，提高测试平台的编写效率。

7）能够支持复杂激励信号组合的自动生成，激励情形以约束的形式描述，极大地缩短测试开发和修改的次数，提高测试设计的效率。

8）均有测试分析能力，将原始覆盖率数据转变为可操作、易识别的信息，能够识别冗余测试，并基于测试项覆盖率判断是否进行优先测试。

9）支持多种验证引擎，并最大化地发挥断言的技术优势，有效提升验证和调试效率，保证设计质量并改善验证结果的可预测性和可观测性,便于查找错误的源头,提高测试的效率。

3.产品应用

QuestaSim 主要用于 FPGA 的功能仿真、时序仿真和门级仿真,既可作为开发人员的设计调试工具,又可作为验证人员的验证辅助工具,极大地提高设计和开发的效率。

8.4 软件缺陷管理工具

缺陷管理是软件开发和软件质量管理的重要组成部分,是软件开发管理过程中与配置管理并驾齐驱的最基本管理需求。目前,随着人们对缺陷管理工具的需求逐渐增多而且更加明确,国内外有越来越多的公司进行相关管理工具的开发,包括缺陷管理工具的开发,提供高质量的商用工具。同时,人们渴望能够得到物美价廉的可用版本(当然大多数都有免费的试用版)。缺陷管理及缺陷管理工具的重要性及其被人们所给予的重视程度越来越高。

缺陷管理工具用于集中管理软件测试过程中发现的错误,是添加、修改、排序、查寻、存储软件测试错误的数据库程序。

大型本地化软件测试项目一般测试周期较长,测试范围广,存在较多软件缺陷。如果对测试质量要求较高,并有支持多语言或本地化的要求,那就特别需要缺陷管理工具。

缺陷管理工具的使用方便了查找和跟踪,对于大型本地化软件测试,报告的错误总数可能成千上万,如果没有缺陷管理工具,要查找某个错误将是一件痛苦的事。

另外,缺陷管理工具的使用也使得跟踪和监控错误的处理过程和方法更加容易,即可以方便地检查处理方法是否正确,可以确定处理者的姓名和处理时间,作为统计和考核工作质量的参考。

而且，缺陷管理工具的使用为集中管理提供了支持条件，为大大提高管理效率提供了可能。如本地化服务商和软件供应商共享同一个错误跟踪系统数据库，各自负责处理需要处理的软件错误。如果需要对方提供更多信息的错误，则可以通过改变错误的当前信息(状态、处理者、处理建议等)，使对方尽快处理。

最后，缺陷管理工具的使用使得整个缺陷管理安全性高，通过权限设置，不同权限的用户能执行不同的操作，保证只有适当的人员才能执行正确的处理；同时，能够保证缺陷处理顺序的正确性，根据当前错误的状态，决定当前错误的处理方法。最重要的是缺陷管理工具具有方便存储的特点，便于项目结束后将缺陷管理活动流程存档，可以随时或在项目结束后存储，以备将来参考。

8.4.1 Bugzilla

Bugzilla 是 Mozilla 公司提供的一款共享的免费的产品缺陷记录及跟踪工具。Bugzilla 能够建立一个完善的 Bug 跟踪体系：报告 Bug、查询 Bug 记录并产生报表、处理解决 Bug 等。它可以更好地在软件开发过程中跟踪软件 Bug 的处理过程，为开发和测试工作以及产品质量的度量提供数据支持，从而有效保证软件产品的质量。Bugzilla 是专门为 Unix 定制开发的，但是在 Windows 平台下依然可以成功安装使用。

Bugzilla 具有以下特点：

1)简单、方便。基于 Web 方式，安装简单，运行方便快捷。

2)缺陷信息详细，管理清楚。

3)系统具备强大的可配置能力。

4)用户可配置通过 Email 公布 Bug 变更，系统自动发送 Email，通知相关人员。

5)强大的检索功能。

6)记录历史变更。

7)通过跟踪和描述处理 Bug。

8)完备的产品分类方案和细致的安全策略。

9)安全的审核机制。

10)强大的后端数据库支持。

11)Web、XML、Email 和控制界面。

12)友好的网络用户界面。

13)丰富多样的配置设定。

14)良好的版本向下兼容性。

访问主页 https://www.bugzilia.org/可以获得 Bugzilla 源码及技术支持;访问网站 https://bugzilia.Mozilla.org/可以查看并提交 Mozilla 公司产品的缺陷。

8.4.2 Mantis

Mantis 缺陷管理平台全称为 Mantis Bug Tracker,也称 MantisBT。Mantis 是一个轻量级开源缺陷跟踪系统,支持多种可运行 PHP 的平台,包括 Windows、Linux、Mac、Solaris 等,以 Web 操作的形式提供项目管理及缺陷跟踪服务。在功能上、实用性上足以满足中小型项目的缺陷管理及跟踪应用。

Mantis 的主要特点如下:

1)安装方便,支持多项目、多语言。

2)每一个项目设置不同的用户访问级别,权限设置灵活,不同角色有不同权限,每个项目可设为公开或私有状态,每个缺陷可设为公开或私有状态,每个缺陷可以在不同项目间移动。

3)提供全文搜索功能。

4)通过 Email 报告缺陷,用户可以监视特殊的 Bug,订阅相关缺陷状态邮件。

5)缺陷分析提供有各种缺陷趋势图和柱状图,内置报表生成功能。

6)支持输出格式包括 CSV、Microsoft Excel、Microsoft

Word 等。

7)集成源代码控制(SVN 与 CVS)。

8)支持多种数据库(MySQL、MSSQL、PostgreSQL、Oracle、DB2)。

9)提供 Web Service(SOAP)接口,提供 Wap 访问。

10)自定义缺陷处理工作流,流程定制方便且符合标准,满足一般的缺陷跟踪。

在线测试 Mantis 可访问网站 http://www.mantis.org.cn/。

8.5　软件测试管理工具

8.5.1　TestLink

TestLink 是 Sourceforge 的开放源代码项目之一,是基于 Web 的免费测试用例管理系统,可对测试需求跟踪、测试计划、测试用例、测试执行、缺陷报告等进行完整的管理,并且还提供了对测试结果的统计和分析功能。

TestLink 的主要功能包括:

1)根据不同的项目管理不同的测试计划,测试用例、测试构建之间相互独立。

2)测试需求管理,通过超链接,可以将文本格式的需求、计划关联,也可以将测试用例和测试需求对应。

3)测试用例的创建和管理,测试用例可以导出为 csv、html 格式。

4)测试用例的执行,测试可以根据优先级指派给测试员,定义里程碑,可以设定执行测试的状态(通过,失败,锁定,尚未执行),失败的测试用例可以和 Bugzilla 中的 Bug 关联,每个测试用例执行的时候,可以填写相关说明。

5)测试用例对测试需求的覆盖管理。

6)测试计划的制订,同一项目可以制订不同的测试计划,然后将相同的测试用例分配给该测试计划,可以实现测试用例的复用、筛选。

7)测试数据的度量和统计,可以实现按照需求、按照测试计划、按照测试用例状态、按照版本等统计测试结果,测试结果可以导出为Excel表格。

8.5.2 TestCenter

测试管理工具TestCenter是一款基于B/S体系结构的国产自动化测试管理软件,主要用于满足国内中、小型软件公司的测试需要,在国内软件测试市场占有一定的比例。

TestCenter的主要功能如下:

1)测试需求管理。应用系统的需求往往不具有可测试性。TestCenter提供了对测试主题的支持,测试主题实际上就是一个测试策略,例如边界条件测试、正常流程测试、错误分支测试等。TestCenter支持测试主题,测试项目能够根据自己的需要来建立不同的测试主题,并且根据测试主题对测试案例进行分类、筛选,形成与测试需求对应的测试案例集合,便于将测试需求和测试案例集合关联起来,量化测试需求,进行有效的测试。

另外,TestCenter支持测试需求树,树的每个节点是一个具体的需求,也可以以子节点作为子需求。每个需求节点都可以对应一个或者多个测试用例,允许根据测试需求或者测试计划来管理测试案例集合。

2)测试用例管理。测试案例管理的目标,就是建立一组创建和维护测试案例的流程,达到测试案例复用的目标。测试案例的复用包括两个方面:一是相同的测试案例,可以在不同的测试目标(在测试需求/测试计划中定义)下执行,达到复用的目标;二是相同的测试案例,可以在不同的测试环境中被执行,达到针对不同测试环境的测试案例复用。

支持测试案例复用是 TestCenter 的核心,TestCenter 提供了测试案例复用功能,包括测试案例的形式化,测试角色的配置化,测试数据的参数化等。测试用例允许建立测试主题,可以通过测试主题过滤测试用例的范围,实现有效的测试。

3)测试业务组件管理。TestCenter 的业务组件对应于应用系统具体的操作流程。一个业务组件往往会应用在很多测试案例中。例如银行系统的查询账户余额是一个业务组件,它会被众多的测试案例使用,用来验证操作是否正确。当业务组件发生变更时,使用了该业务组件的测试案例都需要进行调整和更新。如果不使用业务组件,而使测试案例对应具体的操作流程,那么众多的使用相同流程的测试案例都需要逐一地被修改。

TestCenter 的业务组件管理,提供了对业务流程的有效管理和复用,支持测试用例与业务组件之间的关联关系,通过测试业务组件和数据来“搭建”测试用例,实现了测试用例的可配置和可维护性。

4)测试计划管理。支持测试计划管理、测试计划多次执行、测试需求范围定义、测试集定义等。

5)测试执行。支持测试自动执行,支持在测试出错的情况下执行错误处理脚本,保证出错后的测试用例能够继续被执行。

6)测试结果日志查看。支持面向截取屏幕的测试日志查看功能。

7)测试结果分析。支持多种统计图表,包括需求覆盖率图、测试用例完成的比例分析图、业务组件覆盖比例图等。

8)缺陷管理。支持从测试错误到缺陷的自动增加和手工增加,支持自定义错误状态、自定义工作流的缺陷管理过程。

8.5.3 禅道

禅道是第一款国产的优秀开源项目管理软件。禅道在基于

SCRUM管理方式基础上，又融入Bug管理、测试用例管理、发布管理、文档管理等。因此禅道不仅仅是一款测试管理软件，更是一款完备的项目管理软件。

禅道首次将产品、项目、测试这三者的概念明确分开，产品人员、开发团队、测试人员，这三种核心的角色三权分立，互相配合，又互相制约，通过需求、任务、缺陷来进行交相互动，最终通过项目拿到合格的产品。其中产品人员整理需求，创建产品和需求；开发团队实现任务，由项目经理创建项目、确定项目所要做的需求，并分解任务指派到人；测试人员则负责测试，提交缺陷，保障产品质量。

禅道的功能如下：

1)产品管理。包括产品、需求、计划、发布、路线图等功能。

2)项目管理。包括项目、任务、团队、Build、燃尽图等功能。

3)质量管理。包括缺陷、测试用例、测试任务、测试结果等功能。

4)文档管理。包括产品文档库、项目文档库、自定义文档库等功能。

5)事务管理。包括Todo管理，我的任务、我的缺陷、我的需求、我的项目等个人事务管理功能。

6)组织管理。包括部门、用户、分组、权限等功能。

7)统计功能。丰富的统计表。

8)搜索功能。强大的搜索功能帮助用户找到相应的数据。

9)灵活的扩展机制几乎可以对禅道的任何地方进行扩展。

10)强大的API机制方便与其他系统集成。

禅道的启动步骤如下：

1)进入xampp文件夹，双击start.bat启动控制面板程序。

2)点击“启动禅道”按钮，系统会自动启动禅道所需要的A-pache和MySQL服务。

3)启动成功之后，点击“访问禅道”，即可打开禅道环境的首页。

8.5.4 IBM Rational Test Manager

IBM Rational Test Manager 是重量级的软件测试管理工具。它从一个独立的、全局的角度对于各种测试活动进行管理和控制，让测试人员可以随时了解需求变更对测试压力的影响，通过针对一致目标而进行测试与报告提高团队生产力。

Test Manager 是一个开放的可扩展的构架，可以单独购买或作为其他 Rational 包的一部分。当与其他的 Rational 产品一起安装时，它会与那些产品紧紧地结合在一起。它相当于一个控制中心，跨越整个测试周期。测试工作中的所有负责人和参与者能够定义和提炼他们将要达到的质量目标。而且，它提供给整个项目组一个及时的在任何过程点上去判断系统状态的地方。图 8-1 所示为 Rational 系统的测试方案。

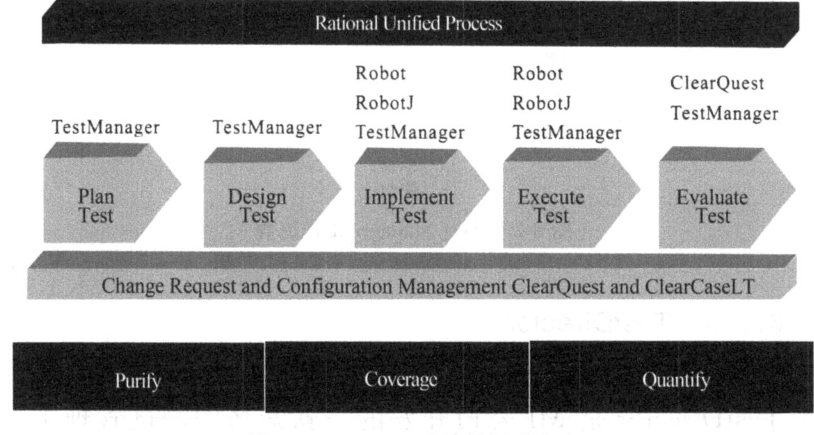

图 8-1 Rational 系统的测试方案

图 8-1 中，Rational Purify 是一种基于动态分析方法的白盒测试工具，面向 VC、VB 或者 Java 开发，测试 Visual C/C++和 Java 代码中与内存有关的错误，确保整个应用程序的质量和可靠性。

Rational Robot 既可用于功能测试又可用于性能测试。可以对客户端/服务器应用程序进行功能测试，支持缺陷检测，包括测试用例和测试管理,并支持多项用户界面(UI)技术。

ClearQuest 是 IBM Rational 提供的缺陷及变更管理工具。它对软件缺陷或功能特性等任务记录提供跟踪管理。并且提供了查询定制和多种图表报表,每种查询都可以定制,以实现不同管理流程的要求。

从图 8-1 可以看出,Test Manager 工作流程支持 RUP 定义的 5 个主要的测试活动。这些活动的每一个都与测试资产有输入和输出的交互,如图 8-2 所示。

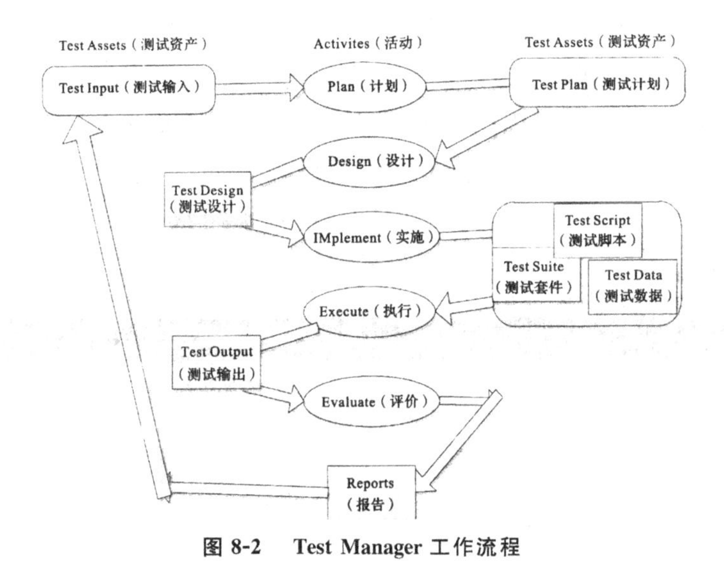

图 8-2　Test Manager 工作流程

8.5.5 TestDirector

TestDirector 是 MI 公司开发的一款知名的测试管理工具,一个用于规范和管理日常测试项目工作的平台。与 MI 公司的其他黑盒测试、功能测试和负载测试工具(如 LoadRunner、WinRunner 等)不同,TestDirector 用于对白盒测试和黑盒测试的管理,可以方便地管理测试过程,进行测试需求管理、计划管理、实例管理、缺陷管理等。TestDirector 是一个基于 Web 的专业测试项目管理平台软件,只需要在服务器端安装软件,用户可以通过局域网或 Internet 来访问 TestDirector,使用该管理工具的对象可以从项目管理人员扩大到软件质量控制部门、用户和其他人员，方便了测试人员的团队合作和沟通交流。TestDirector 能够很好地与 MI 公司的其他测试工具进行集成，并且提供了强大的图表统计功能，测试管理者可以准确全面地了解测试项目的概况和进度。同时 TestDirector 也是一款功能强大的缺陷管理工具，可以对缺陷进行增加、删除等操作。

TestDirector 提供了四大功能模块，即需求管理、测试计划管理、测试执行管理和缺陷管理模块，可以有效地控制需求分析覆盖、测试计划管理、自动化测试脚本的运行和对测试中产生的错误报告进行跟踪等。其测试管理的流程为需求驱动测试→制订测试计划→创建测试实例并执行→缺陷管理。

1. 需求驱动测试

需求驱动测试是测试管理的第一步。需求管理可以定义哪些功能需要测试，哪些不需要测试。当需求发生变化时，可以快速定位变化的需求以及相关责任人，它是成功进行测试管理的基础。

TestDirector 的需求管理模块中，需求是用需求树（需求列表）表示的，可以对需求树中的需求进行归类和排序，自动生成需求报告和统计图表。此外，需求管理模块和测试计划模块是相互关联的，可以将需求树中的需求自动导出到测试计划模块中，进行进一步地维护和处理。

2. 制订测试计划

TestDirector 的 Test Plan Manager 在测试计划期间，为测试小组提供一个关键要点和 Web 界面来协调团队间的沟通。Test Plan Manager 能够指导测试人员如何将应用需求转化为具体的测试计划。这种直观的结构能帮助测试人员定义如何测试应用软件，从而能明确任务和责任。根据所定义的需求，Test Plan Wizard 可以快速地生成一份测试计划，如果事先已经将计划信息以文字处理文件的方式存储，测试计划管理模块可以利用这些信息，并将这些信息导入到测试计划中。

3. 创建测试实例并执行

测试计划建立后，就可以进入测试执行管理了。测试执行是整个测试过程的核心，测试执行管理模块是对测试计划模块中测试项的执行过程进行管理，在执行过程中需要为测试项创建测试集进行测试。

4. 缺陷管理

缺陷管理是测试流程管理的一个环节。TestDirector 的缺陷管理贯穿于测试全过程，以提供从最初的问题发现到修改错误再到检验修改结果整个过程的管理。在项目进行过程中，随时发现问题，随时提交。一个缺陷提交时，TestDirector 会自动进行一次缺陷数据库搜寻，以查看新提交的缺陷是否重复，或有无与其描述相近的缺陷，避免重复提交。一个缺陷提交到 TestDirector 中大致要经过新建(new)，打开(open)，解决(fixed)，关闭(closed)，拒绝(rejected)和重新打开(reopened)几个状态的转换。通常缺陷的默认状态为 new，然后由项目经理或质量管理人员确认是否为缺陷，如果认为不是一个缺陷或不要求解决，则将其置为 rejected 状态；如果认为是一个缺陷，则设置其优先级并将其状态置为 open，然后将其分配给指定的开发人员。开发人员修复这个缺陷后，将其状态置为 fixed。最后，测试人员对已修复的缺陷进行回归测试，如果已经修改，则将其状态置为 closed，否则将其标注为 reopened 状态。

从整体来看，TestDirector 是一款完全基于 Web 的测试管理系统，它采用集中式的项目信息管理，提供了一个协同合作的环境和一个中央数据库，所有与项目有关的信息都按照树状目录方式存储在管理数据库中，拥有可定制的用户界面和访问权限，可以实现测试管理软件的远程配置和控制。它在大型软件项目中使用较为广泛,但购买成本较高。

5.用户权限管理

TestDirector 可以建立用户权限管理。TestDirector 的用户权限管理类似 Windows 操作系统下的权限管理,将不同的用户分成组,每一组用户都拥有属于自己的权限设置。

参考文献

[1]顾翔. 51Testing 软件测试网. 软件测试技术实战：设计、工具及管理[M]. 北京：人民邮电出版社，2017.

[2]刘竹林，韩莉. 软件测试技术与应用[M]. 北京：北京师范大学出版社，2016.

[3]杨胜利. 软件测试技术[M]. 广州：广东高等教育出版社，2015.

[4]李千目. 软件测试理论与技术[M]. 北京：清华大学出版社，2015.

[5]朱少民. 软件测试方法和技术[M]. 3 版. 北京：清华大学出版社，2014.

[6]武剑洁. 软件测试实用教程——方法与实践[M]. 2 版. 北京：电子工业出版社，2012.

[7]张坤，李媚，王向. 软件测试基础与测试案例分析[M]. 北京：清华大学出版社，2014.

[8]王顺，兰景英，盛安平，等. 软件测试工程师成长之路——软件测试方法与技术实践指南 ASP. NET 篇[M]. 3 版. 北京：清华大学出版社，2014.

[9]魏娜娣，李文斌. 软件测试技术及用例设计实训[M]. 北京：清华大学出版社，2014.

[10]姚茂群. 软件测试技术与实践[M]. 北京：清华大学出版社，2012.

[11]佟伟光. 软件测试[M]. 2 版. 北京：人民邮电出版社，2015.

[12]曲朝阳,刘志颖,杨杰明,等.软件测试技术[M].2版.北京:清华大学出版社,2015.

[13]胡铮.软件测试与质量保证技术[M].北京:科学出版社,2011.

[14]陈能技.软件测试技术大全:测试基础流行工具项目实战[M].2版.北京:人民邮电出版社,2011.

[15]陈明.软件测试[M].北京:机械工业出版社,2011.

[16]韩利凯.软件测试[M].北京:清华大学出版社,2013.

[17]朱少明.软件测试方法和技术[M].北京:清华大学出版社,2005.

[18]任冬梅,陈汶宾,朱小梅.软件测试技术基础[M].北京:清华大学出版社,2008.

[19]黎连业.软件测试与测试技术[M].北京:清华大学出版社,2009.

[20]佟伟光.软件测试[M].2版.北京:人民邮电出版社,2015.

[21]陈明.软件测试[M].北京:机械工业出版社,2011.

[22]王磊,韩静,等.Windows软件测试探秘[M].北京:电子工业出版社,2013.

[23]肖利琼.软件测试之魂:核心测试设计精解[M].2版.北京:电子工业出版社,2013.

[24]郑人杰,马素霞,麻志毅.软件工程[M].北京:人民邮电出版社,2009.

[25]张永梅,陈立潮,马礼,等.软件测试技术研究[J].测试技术学报,2002,16(2):148-151.

[26]黄宁,余莹,张大勇.Web服务软件测试技术的研究与实现[J].计算机工程与应用,2004,40(35):147-149.

[27]顾玉良,王立福.B/S软件测试技术及工具实现[J].计算机工程与应用,2000,36(6):70-72.

[28]闫茂德,许化龙,訾向勇.软件测试技术及其支持工具介

绍[J].集美大学学报(自然版),2003,8(2):154-159.

[29]赵荣利,崔志明,陈建明.面向对象软件测试技术的研究与应用[J].计算机技术与发展,2007,17(1):15-17.

[30]李理,刘军.软件测试工具的选择和使用[J].警察技术,2006(4):41-44.

[31]曹晓勇.软件测试工具的分类和使用[J].信息系统工程,2009(9):81-84.

[32]谈利群,曹文静,刘予.软件测试工具的问题及解决方法[J].装甲兵工程学院学报,2004,18(2):87-90.

[33]郑兴华.流行的软件测试工具使用总结[J].硅谷,2008(6):34-35.

[34]武东虎.软件测试工具综述[J].硅谷,2013(11):131.

[35]梁洁.浅谈软件测试工具的选择与使用[J].中国传媒科技,2008(11):59-60.

[36]陈磊.软件测试工具集成研究与应用[D].衡阳:南华大学,2015.

[37]吴小欣.软件测试工具分析与质量改进[J].计算机光盘软件与应用,2014(19):88.

[38]冷先刚.软件测试模型与方法研究[D].武汉:武汉理工大学,2009.

[39]向润.黑盒测试方法探讨[J].软件导刊,2009(1):33-35.

[40]胡静.浅析黑盒测试与白盒测试[J].衡水学院学报,2008,10(1):30-32.

[41]赵宸.浅析黑盒测试与白盒测试[J].硅谷,2010(11):39.

[42]万年红.软件黑盒测试的方法与实践[J].计算机工程,2000,26(12):91-93.

[43]韩丽娜.黑盒测试及测试工具 RationalRobot 的应用[J].计算机工程与设计,2006,27(2):359-360.

[44]段力军.软件产品黑盒测试的测试用例设计[J].测试技术学报,2007,21(2):160-162.

[45]李宁,李战怀.基于黑盒测试的软件测试策略研究与实践[J].计算机应用研究,2009,26(3):923-926.

[46]刘春玲,雷海红.黑盒测试用例设计方法研究[J].现代电子技术,2012,35(20):46-48.

[47]余飞侠.浅析黑盒测试用例设计与实践[J].电脑知识与技术,2012,8(7):1560-1563.

[48]李健,石冬琴.软件黑盒测试方法研究及应用[J].中国高新技术企业,2011(4):27-29.

[49]淡艳.如何设计黑盒测试的测试用例[J].教育与教学研究,2005,19(11):119-120.

[50]梁红硕,冯晓东,贾永胜.论黑盒测试与白盒测试在软件测试中的不同作用[J].商场现代化,2010(16):5-6.

[51]杨德红.软件测试自动化在黑盒测试中的应用[J].现代电子技术,2008,31(18):90-92.

[52]龚昌.浅谈白盒测试与黑盒测试在软件测试中的应用[J].信息与电脑(理论版),2011(1):57.

[53]刘洋.白盒测试技术概述[J].广西大学学报(自然科学版),2008,33(S1):146-149.

[54]杜庆峰,李娜.白盒测试基路径算法[J].计算机工程,2009,35(15):100-102.

[55]洪新峰.浅谈白盒测试技术[J].电脑知识与技术,2010,6(11):2633-2634.

[56]封亮,严少清.软件白盒测试的方法与实践[J].计算机工程,2000,26(12):87-90.

[57]綦晶.白盒测试的方法研究[D].哈尔滨:哈尔滨工程大学,2008.

[58]丁蕾,方木云.简述软件测试的白盒测试法[J].安徽科技,2007(10):43-44.

[59]路晓波.软件开发过程中白盒测试方法和工具的研究及应用[D].南京:南京邮电大学,2013.

[60]徐青翠,柴政.白盒测试方法分析与研究[J].电脑知识与技术,2010,16(6):4431-4432.

[61]路翠.嵌入式软件白盒测试中插桩技术的研究与应用[D].北京:北京工业大学,2010.

[62]郭慧爽.Web 应用系统测试的研究[J].枣庄学院学报,2012,28(2):63-65.

[63]徐鹏民,王海.Web 应用系统测试的项目与方法[J].计算机系统应用,2006,15(10):84-87.

[64]刘柯.客户机/服务器应用系统测试方法的研究与应用[D].西安:西安电子科技大学,2008.

[65]湛霞.基于 Web 的应用系统测试研究[J].黑龙江科技信息,2008(3):68.

[66]何育浩,赵戈.面向云环境的应用系统测试技术研究[J].软件产业与工程,2014(5):42-47.

[67]徐艳.大型数据库应用系统测试的设计与实现[D].西安:西安建筑科技大学,2009.

[68]陈涛.数据库应用系统测试用例序列优化研究[D].长沙:湖南大学,2016.

[69]张红艳,郭海新,王东方.浅谈游戏测试技术[J].硅谷,2009(22):48.

[70]孟繁雅.游戏测试的用例设计[J].程序员:游戏创造,2008(5):30-31.

[71]张立芬,周悦,郭振东.Android 移动应用测试[J].中国新通信,2013(3):84-86.

[72]李秋燕,李和平,尹珏贤.基于云平台的移动应用测试[J].电子技术与软件工程,2017(13):191.

[73]成静.移动应用测试方法与关键技术研究[D].西安:西北工业大学,2016.

[74]侯海波,黄云霞,马霁阳.移动应用测试的发展现状分析[J].电信网技术,2017(3):77-79.

[75]张建伟,叶东升.嵌入式系统测试的发展[J].单片机与嵌入式系统应用,2011,11(2):5-7.

[76]张瑞玥.软件缺陷管理[J].信息与电脑(理论版),2009(7):34-35.

[77]郑翠芳,吴志杰.基于软件开发过程的软件缺陷管理研究[J].微计算机信息,2007,23(3):201-202.

[78]詹先银,李志宏.软件缺陷管理研究[J].福建电脑,2006(11):28-29.

[79]陈文海.软件缺陷管理在软件过程中的应用研究[D].西安:西北大学,2007.